双書⑫・大数学者の数学

岡 潔
多変数関数論の建設

大沢健夫

現代数学社

岡潔：1951年（昭和26年）3月12日撮影（学士院賞受賞後）
1901年（明治34年）4月19日生 - 1978年（昭和53年）3月1日没
理学博士　奈良女子大学名誉教授

写真提供：共同通信社

はじめに

　数学の歴史は大数学者たちの活躍によって彩られていますが，多変数関数論の分野では岡潔 (1901-78) の名が他を圧して不滅の輝きを放っています．「多変数関数論のどの解説も，大部分は岡のアイディアについての報告となる．この講義も例外ではない．」という言葉で講義録の序文を結んだのは複素解析学の研究で有名なベアス (1914-93) でしたが，これは西洋哲学の歴史がプラトンへの膨大な脚注にすぎないと言ったある哲学者の言葉を連想させます．このように，数学の歴史において，これも見方によってはユークリッドの『原論』への注釈の蓄積ではありますが，多変数関数論は岡潔が独力で開拓したといっても良いくらいの新しい分野です．この多変数関数論について，本書では高校程度の数学の知識を持つ読者を想定しつつ，岡理論を中心に解説します．岡のアイディアの及ぶ範囲は広く，その仕事ぶりに感銘を受けたドイツの数学者が「Oka とは数学者の集団の名前だと思っていた．」と言ったという話もあるくらいなので，本書では技術的な細部にはなるべく深入りせず，岡潔がどんな発想で主要な問題を解決したかを物語風に語ってみたいと思います．

　岡理論が完成した 20 世紀後半以来，多変数関数論は代数幾何，数論，微分幾何，偏微分方程式論，数理物理などと関連を深めながら発展し続けています．このように高度な数学の全貌を本書のような小冊子で描き尽くすことは，多変数関数論を専門とする筆者といえども荷が重すぎるわけですが，岡理論における独創的なアイディアというものは，その一端に触れるだけでも益するところが大きいと信ずるものです．そのために，以下では

前置きとして解析学の歴史を手短に振り返りながら，一変数の複素解析学とその延長である多変数関数論の位置づけを試みてみましょう．

　関数の概念の萌芽は 14 世紀のこととされますが，三角関数に相当するものは三角比として古くから知られ，古代ギリシャの学者たちがある程度詳しく研究していました．三角関数はあらゆる測量技術の基本であり，現代の GPS の原理にいたるまで，文明の最先端を開く行為と共にあり続けています．また，アルキメデスは指数関数の重要性に気付いていたようです．より一般的な関数に探求の眼が向けられるようになったのは約 400 年前からのことで，ガリレイの落体の理論やケプラーの惑星の理論がきっかけです．物理現象になぜ放物線や楕円が現れるかというところから新しい数学が生まれたのです．ガリレイは，「宇宙は数学の言葉で書かれている」と言いました．

　ガリレイやケプラーの理論は，デカルトの座標幾何をへて，ニュートンとライプニッツにより創始された微積分法によって決定的な数学的基盤を与えられました．数学によって基礎づけられたニュートン物理学の，いわゆる力学的自然観によれば，現象を正確に記述するためには物理学の原理にもとづいて方程式を立て，それを解けば良いことになります．たとえば指数関数 e^x が微分方程式 $f'(x)=f(x)$ をみたすことは，この文脈では基本的な重要性を持っています．解析学のこのような進歩に応じて微積分法は変分法へと拡げられ，オイラーを継いだラグランジュは解析力学を確立し，ニュートンの力学を数学的により洗練された形式へと高めました．その間，数学は大いに発展し多くの有用な公式が得られましたが，中でもオイラーによって発見された美

しい公式 $e^{ix} = \cos x + i \sin x$ は特に有名です．この公式に現れる i は虚数単位と呼ばれる幾分仮想的な数で，方程式 $x^2 = -1$ の解として，微積分法よりずっと前に，三次方程式の解の公式の発見にともなって導入されたものでした．この i をもとに複素数 $a + bi$（a, b は実数）が形成されます．

　このような背景で，複素数が関数論で重要な役割を果たすようになりました．18 世紀末には複素数を平面上の点と見なす考えが生まれ，複素平面がガウスによって代数方程式や円周の等分理論に応用されました．19 世紀に入ると，平面上の経路に沿う線積分の理論に基礎づけられた，いわゆる留数解析がコーシーによって創始され，ここから複素変数の関数論が本格的に展開し始めます．古典的な三角関数や指数関数も，変数の「複素化」により複素関数とみなすことによってその本質がいっそう明確にとらえられるようになりました．たとえばオイラーの公式も複素変数まで自然に拡げられました．この理論を，コーシーは彼の名を冠して呼ばれることになった積分公式を中心にして，関数列の収束概念の厳密な基礎づけとともに展開しましたが，対数関数は複素化により無限個の値をとることになるので通常の意味の関数にはならず，多価関数をどう考えるかという新しい課題が生じました．

　ガウスはコーシーとは独立に複素関数論を新しい解析学として構想し，楕円積分の逆関数である楕円関数や超幾何関数など，注目すべき新しい関数を統一的に論じた書物を著す計画を持っ

ていましたが，それは結局実現しませんでした．楕円関数論の発表を他に先んじられたことがその主な原因ですが，対数関数の多価性の扱いなど，そのために整理すべき基礎的な事柄が案外多かったことも一因と思われます．このように奥深い複素関数論は19世紀の多くの数学者たちを魅了しました．楕円関数論で有名なアーベルとヤコービをはじめ，ワイアシュトラス，リーマン，クライン，ポアンカレといった大数学者たちがこの分野で著しい成果を挙げましたが，その中でも特に影響の大きかった理論はリーマンによるものです．リーマンは，何枚もの複素平面を切り貼りして作った曲面（＝**リーマン面**）を導入することによって多価性の問題を解消し，複素関数論を幾何学的像と物理学的像を備えたものへと変貌させました．このリーマン面こそ複素関数の定義域として最も自然なもので，1913年に出版されたワイルの「リーマン面の概念」[W] では，リーマン面が関数たちにとっての「母なる大地」に例えられています．ちなみにわが国初の複素関数論の入門書である「函数論」(吉川實夫* 著 [吉川]) も1913年に出版されました．このように，20世紀に入ってから一変数の複素関数の理論の基礎的な部分は理工系の大学生たちが学習できる分量にまで整理され，たいへん見通しが良くなりました．今日の大型書店を覗くと，数学書の棚にはこの手の入門書が何冊も並んでいますが，ガウスが書きたかった本は案外このようなものだったのかもしれません．

　複素関数論のこのような成功は，20世紀初頭にはまだ一変数

---

* 吉川實夫　よしかわ じつお (1878-1915)　京都大学理学部数学教室初代の教授の一人．

の場合に止まっていましたが，それでも楕円関数の多変数版であるアーベル関数についての結果が蓄積され，基礎理論の建設が望まれていました．そんな所へ，ハルトークス（1874-1943）が多変数複素解析関数の存在域（＝最大の定義域）に関する画期的な研究を発表し（1906），この分野の本格的な研究を始動させました．多項式や有理関数と違って，解析関数の表示式は一般に定義域の一部でしか有効ではありません．従って関数の局所表示をつなぐ接続公式が重要になります．その土台がリーマン面であり，存在域でもあります．ハルトークスの理論は，解析関数の存在域が凸性に似た幾何学的制約を受けることを基礎にして展開されました．この仕事によって高次元の複素領域への関心が一挙に高まったと言えるでしょう．その後，ポアンカレやレビにより存在域の境界面が一定の幾何学的構造を持つことが示されました．

　この時代に複素関数論の分野で指導的役割を果たしたのはフランスのジュリア（1893-1978）で，解析関数の反復合成列についての画期的な研究で注目を集めていました．そのジュリアを慕って留学生としてパリで研鑽を積み，多変数関数論を生涯の研究分野と定めた日本人がいました．その人こそ本書の主人公であるわが岡潔です．岡潔は，1936年から1953年にかけての9本の論文で主要な問題を解決してこの分野の基礎を築きましたが，始めから明確な研究目標があったわけではなく，当時の解析学の大要を書いたグルサの本で多変数関数論の章を読んだ時の印象を，「霧ながら大きな町に出にけり」（田川移竹**）であったと回想

** 田川移竹　たがわ いちく（1710-1760）　江戸時代中期の俳人．

しています．その地点から多変数関数論の建設を行うには，荒れ地の岩を穿つような腕力を要したことが想像されます．

　岡潔の数学は，一口にいえば多変数の解析関数というものの本性を明らかにするものです．その神秘のヴェールを一つ一つ剥ぎ取って行った岡理論の中で最も有名なのが**不定域イデアル**の理論であり，解析関数の世界をユークリッドの互除法に相当する命題（**岡の連接性定理**）で統制するものです．岡の名を不滅にしたこの理論は，第一論文で示された「**上空移行原理（拡張定理）**」を一般化し，深める過程で発見されたものでした．また，この一連の研究には「**ハルトークスの逆問題**の解決」という究極の目標がありました．それはリーマンやハルトークスからさらに進んで存在域の概念をさらに拡張・洗練することにより，多変数の関数の母なる大地としてのリーマン面の一般化を完全な形で確立することでした．岡は結局これを最終的な形で解くことはできませんでしたが，そのために積み上げた理論は今日の数学に大きな影響を与えています．本書の解説が，このように素晴らしい岡理論への入門となれば幸いです．筆者の浅学非才ゆえ，岡の独創的なアイディアの味わいを伝えきれていないことを恐れますが，興味をもたれた読者は，足りないところをぜひ専門書や岡のオリジナル論文などで補ってください．

平成 26 年 7 月 30 日
大沢健夫

目　次

はじめに …………………………………………………… *ii*

第一章　岡理論の遠景 ……………………………………… *1*
  1. 峠からの便り …………………………………………… *1*
  2. 玲瓏なる境地 …………………………………………… *4*
  3. 複素平面と指数関数 …………………………………… *11*
  4. 解析関数の概念 ………………………………………… *17*
  5. 解析関数と正則関数 …………………………………… *23*
  6. コーシーの積分定理とその周辺 ……………………… *28*

第二章　岡の連接性定理 …………………………………… *37*
  1. 楕円関数からアーベル関数へ ………………………… *37*
  2. ワイアシュトラスの予備定理と割算定理 …………… *49*
  3. 連接性定理 ……………………………………………… *59*
      付録 ………………………………………………………… *63*

第三章　上空移行の原理 …………………………………… *65*
  1. 第一論文と上空移行 …………………………………… *65*
  2. 古典論と問題 I ………………………………………… *67*
  3. 多変数関数論への準備 ………………………………… *75*
  4. 全体像を読む …………………………………………… *84*
  5. 領域の問題 ……………………………………………… *90*
  6. ルンゲの定理 …………………………………………… *96*
  7. ポアンカレの問題とクザンの問題 …………………… *99*

第四章　岡の原理とその展開 ……………………………… *109*

1.	トポロジーと岡の原理	*109*
2.	ホモトピー	*113*
3.	岡の判定法	*119*
4.	多様体上の関数論とトポロジー	*123*

第五章　難問解決は突然に … *139*

1. 発見の心理 … *139*
2. レビ問題 … *145*
3. 皆既擬凸関数 … *151*
4. 関数の融合 … *158*

第六章　イデアルの絆 … *163*

1. 関数論から時空モデルへ … *163*
2. 源流を訪ねて … *165*
3. 上空移行と正則関数のイデアル … *173*
4. 連接層とコホモロジー … *183*

第七章　峠の先の歩み … *191*

1. ロープと橋の譬え … *191*
2. 岡とベルグマン核 … *194*
3. ヘルマンダーの定理 … *198*
4. 積分公式と L^2 割算定理 … *203*
5. L^2 拡張定理 … *209*

参考文献 … *216*

あとがき … *218*

索引 … *222*

第一章
岡理論の遠景

1. 峠からの便り

　日本の歴史が始まった奈良の玄関口にあたる私鉄の駅付近に，仏教の布教で名高い名僧である行基の記念像があります．行基像の前でよく見られる乞食僧の姿は奈良の一つの風物誌となっています．その行基像の背後に奈良市民憲章を記した白いプレートがあり，それを読むと最後に「岡潔写」の文字が目に留まります．岡潔（以下では岡と呼ぶ）は多変数関数論の研究で文化勲章を受章した頃，奈良女子大学理学部数学科の教授であったので，その縁でこういうものが残っています．大和路を歩くと岡が揮毫した歌碑を目にすることもあります．岡は大阪の天満橋で生まれましたが，育ったのは和歌山県伊都郡紀見村（現在は橋本市）の，紀見峠という所です．「ひばりより上にやすらふ峠かな」と芭蕉が詠んだ吉野山をへて高野山に至る道の近くに，紀見峠はあります．1946年の早春，岡はここから，当時の数学界の大御所であった高木貞治（1875–1960）宛に一通の手紙を書きました．岡は事情があって広島大学を退職した後，1942年〜1949年の間，高木の推薦で受けることができた奨学金に収入を頼っていたからです．奨学金のスポンサーは岩波茂雄（1881–1946）が設立した風樹会で，高木はその理事を務めていました．つまり岡はこの間郷里で研究生活を送りながら，高木に研究報告を書き送っていたのです．送られた報告書は現在行方不明になっているようです

が，それらの清書直前の原稿にあたるものが，岡のお弟子さんたちによって編纂された「岡潔先生遺稿集」の中に復元されています．それらは7篇の論文と，それに続く未定稿と思われる3篇の論文，および高木宛の4通の手紙の下書きと，出されなかったとおぼしき一通の手紙の草稿から成っています．これらは大数学者岡の思考の跡を彷彿とさせるたいへん貴重な資料です．手紙には当時の岡の生活の様子も書かれ，戦後の食糧事情の厳しいこの期間，岡が芋作りの農作業にも精を出さねばならなかったことがわかりますが，そのような苦労の一方，岡の数学自体は最大の収穫期を迎えていました．手紙の後半部分には，具体的な研究成果の報告に続けて，岡が開拓した数学の景観が次のように生き生きと描かれています．

多変数ノ解析函数[1]ノ分野ハ，云ハバ数学的自然ノ中デ，非常ニ形勝ノ地ヲ止メテ居ルカト思ヒマス．ツマリ四通八達ト云フ気ガシマス．其ノ互ニ互イニ交渉ヲ持ツ筈ノ部分ヲ，假リニ圖ニ書イテ見マスト，(1)，(2)，(3)，(4) トナリマス．

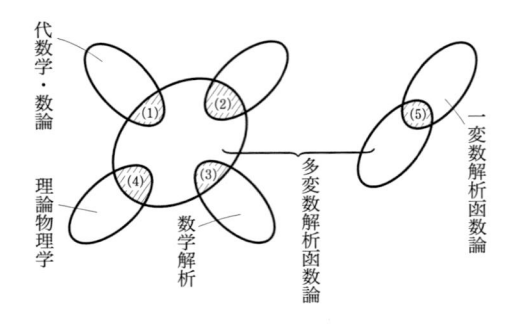

---

[1] 函数＝関数

又，之マデノ研究ノ偏リ（ト思フノデスガ）カラ，（理論的ニハアリ得ナイコトデスガ，現状デハ）一変数解析函数論ト觸レ會フコトニナツテ，圖ノ (5) ガアリマス．

　其ノ中 (1) ノ部分ニ漸ク手ヲ着ケ始メタダケデスガ，此ノ種ノ計畫ノ空中樓閣デナイコトガ，此ノ一例ニ依ツテ実証セラレタ様ナ気ガシマシテ，其ノ点ヲ一番喜ンデ居リマス．

　今一番私ノ興味ヲ唆リマス問題ハ，コノ (1) カラ (5) マデノ部分ニ，ドウ云フ型ノ問題ガアリ得ルダラウカト云フコトデアリマス．出来ルダケ早ク此ノ方面ノ研究ヲ，組織的ニ始メタイト思ツテ居マス．

　＜中略＞

　私，仏蘭西ヘ行ツテ，G. Julia[2] ノ所デ勉強シテ，結局此ノ問題（多変数解析函数ノ研究）ヲ撰ンデ帰ツテカラ大体 15 年ニナリマス．漸クコレデ少シ打チ開ケタ所ヘ出ルコトガ出来タヤウナ気ガ致シマス．後 15 年位續ケテコヽヲ開拓シテ，出来ウレバ色々ナ型ノ問題ヲ残シテ，次ノ時代ニ譲リ渡シタイト考ヘテ居マス．

（岡潔先生遺稿集第二集「高木先生ヘノ手紙」より抜粋）

　折り目正しい研究報告でありながら，気のおけない相手に語りかけているような打ち解けた調子も感じられる上品な文章ですが，上の図からは岡の数学の真骨頂が多変数解析関数論であることや，岡がこの時期，代数学と数論に関係する内容に手を付けていることがわかります．また，一変数の関数論と多変数の関数論の一見矛盾に満ちた関係などは，まったく岡ならではの独特

---

[2] ジュリア

な表現であり，この図をめぐって専門家たちが数学の話を始めればきりがないとも思われます．これらの内容は本当に面白いのですが，その説明には準備が必要なので後回しにし，次節ではまず解析関数というものの雰囲気にふれてみることにしましょう．

2. 玲瓏なる境地

　解析関数を大づかみに言えば，多項式をはじめ，三角関数や指数関数など，古典的な解析学で扱う関数の総称と思っておけばまず間違いはありません．しかし多変数解析関数論につながる文脈で言うなら，複素変数の解析関数というものが中心になります．コーシー (1789-1857) やガウス (1777-1855) の研究に端を発するこの理論は 19 世紀を通じて大いに発展し，整数論の深い研究にも応用されるようになりました．整数論といえば，岡の報告を受けた高木はガウスの円分体論を深めた類体論で知られますが，大学初年級向けの名著「解析概論」が長く読まれていることでも有名です．この本の中に「解析函数，とくに初等函数」という章があり，複素変数に関して微分可能な関数について，コーシーの積分公式やテイラー展開などが解説されています．この章は複素関数論への入門として今日でも秀逸なものといえます．ここではその中から岡理論を理解するための最小限の要点を押さえておきたいと思います．まず冒頭部を読んでみましょう．

　　　変数を複素数にまで拡張することは，19 世紀以後の解析
　　学の特色で，それによって古来専ら取扱われていたいわゆる
　　初等函数の本性が初めて明らかになって，微分積分法に魂が
　　入ったのである．複素数なしでは，初等函数でも統制され

ない．解析函数とは Weierstrass[3] の命名であるが，それは複素変数の函数が解析学における中心的の位置を占有することを宣言したのであろう．

さすがに印象深い名文ですが，コーシーの積分公式とその帰結を説き終わった後の，以下の文章はもっと有名です．

> ... この意味において，複素数の世界では，微分可能も積分可能も同意語である．驚嘆すべき朗かさ！Cauchy[4] およびそれに先立って Gauss[5] が虚数積分[6] に触れてから約百年を経て，我々はこの玲瓏なる境地に達しえたのである．

これを読んで，「玲瓏(れいろう)なる」という美しい言葉に初めて触れた学生も多かったのではないでしょうか．

ところで，数学者が非専門家を相手に解析関数やコーシーの積分公式について語った例があります．それは岡が批評家の小林秀雄（1902-77）と対談した時のものです．岡理論への糸口として，まずここを「玲瓏なる境地」への出発点としましょう．

小林 そうすると，いまの函数というのはエジプトから続いていて，どういうふうになっているのですか．

岡 函数も十九世紀になって複素数というものの性質がよくわかってきて，急激に伸びだしたのです．いずれ行きづまっ

---

[3] ワイアシュトラス（= ヴァイアシュトラス，ワイエルストラス，ワァーシュトラース）
[4] コーシー
[5] ガウス
[6] 複素関数の線積分（後述）

て，長く眠って，また伸びるという行き方をするでしょうが，まだ伸びはじめてから百年越えたところですから，行きづまるところまではきていません．たとえば，二乗すると1になる数といったら1ですな．二乗すると2になる数は平方根の2という数ですね．しかし二乗すると-1になる数というものはないと思われていたのです．そこで二乗すると-1になる数があるとして，それをかりにiと名付けたのです．だから，iの二乗は-1になるわけです．

　たいへん上手な説明ではありますが，正確さにこだわるならここは「たとえば二乗すると1になる数は1」ではなく，「二乗すると1になる数はたとえば1」でなければいけません．しかしそこにはこの対談を収めた「人間の建設」が書かれた事情がからんでいます．これは岡の随筆「春宵十話」に惚れ込んだ小林が，岡と行った長時間の対談を文章に仕上げたものです．つまり文責は基本的には小林にあり，細部には岡の眼が十分に届かなかった可能性もあります．（後で付け加わった注解についてはなおさらです．）当時を知る人たちの話では，この対談はしまいには見解の相違が大きいままで終わり，岡は校正刷りには目を通したものの，後になって「あの本の題は私がつけたのではありません．」と言って不満を述べたそうです．とはいえ，この対談では小林が岡から天才数学者の面目躍如たる言葉の数々を引き出しており，両者の傑出した個性がにじみ出たやり取りは，今日なお多くの読者を魅了してやみません．したがって細かいことは気にせずに続きを読んでみましょう．

岡 そうすると一般の数は，1 の a 倍と i の b 倍とで，つまり $a+bi$ という形ですべて書けることがわかった．これがわかったのがやっと十九世紀，これが複素数なのです．複素数がわかりまして，そのいろいろな性質を調べると，コーシーの定理と呼ばれている定理が複素数の世界にあるということがわかってきた．数にはいわゆる実数と，i の何倍という虚数があるのですが，複素数というと，$a+bi$ という形で実数と虚数の両方の単位に書けますね．一般の数がそういう形で書けるということがわかった．

「一般の数は $a+bi$ の形で」を「一般の代数方程式の解は $a+bi$ の形で」と解すれば意味がもっと正確に通りますが，それはともかく，これに続けてコーシーの定理に向けて積分の話が始まります．

それとともに，それまで実数だけで考えていた積分というものを考えますと，実数は一次元ですから，直線の上にしか書けません，どこからどこまで積分するということです．それが複素数になりますと，デカルト[7]のように一般の複素数 $a+bi$ は，平面上の a,b を座標にする点に相当するんですね．だから，一つの複素数を平面上の一つの点に対応させることができるんですね．だから，実数で考えている積分を，複素数になおして考えますと，いままで起らなかった現象が起る．どういうことかというと，クローズド・カーヴ，つまり元へ戻る円とか楕円ですが，それに沿って

---

[7] Rene Descartes (1596-1650) 座標幾何の創始者．

積分するということができるのですね.

この積分の話はコーシーの積分公式に直結するので，挙げ足とりではない補足を加えておきたいと思います．まず「実数で考えている積分」ですが，これは通常
$$\int_\alpha^\beta f(x)dx$$
という形で書かれる，いわゆる定積分をさします．この定義を念のため復習しておきますと，その意味は，$f(x)$ が数直線 $\boldsymbol{R}$ 上の区間 $[\alpha, \beta] = \{x ; \alpha \leq x \leq \beta\}$ 上の関数のとき，
$$\int_\alpha^\beta f(x)dx = \lim_{|\Delta| \to 0} \sum_{k=1}^n f(\xi_k)(x_k - x_{k-1})$$
（コーシーによる積分の定義）

となります．ただし $\alpha = x_0 < x_1 < \cdots < x_n = \beta$，$x_{k-1} \leq \xi_k \leq x_k$，$\Delta = \{x_0, x_1, \cdots, x_n\}$，$|\Delta| = \max\{|x_k - x_{k-1}| ; 1 \leq k \leq n\}$ とおきます[8]．これは $f(x)$ が $[\alpha, \beta]$ で連続[9]ならば存在します．

「複素数になおして考える」とは，$a+bi$ を (a, b) と同一視した複素平面 $\boldsymbol{C} = \{a+bi ; a, b \in \boldsymbol{R}\}$ を考え，区間 $[\alpha, \beta]$ 上の定積分の代りに区間 $[0, 1]$ 上の複素数値関数 $\gamma : [0, 1] \to \boldsymbol{C}$ によって定まる，$\gamma(0)$ を始点，$\gamma(1)$ を終点とする曲線 $\Gamma = \{\gamma(t) ; 0 \leq t \leq 1\}$ と，Γ 上で連続な関数 $f(z)$ に対して

---

[8] 実数の集合 A に対し，$\max A = \{x \in a ; y \in A \Rightarrow x \geq y\}$ （$= A$ の最大元）．$\max A = \varnothing$ （空集合）となることもあるので，集合 $\{M | A$ のすべての元 a に対して $a \leq M\}$ の最小元である A の**上限** $\sup A$ を使うと便利．（ただし便宜上 $\sup \varnothing = -\infty$ とおく．）

[9] x が y に近づけば $f(x)$ は $f(y)$ に近づく．

$$\int_0^1 f(\gamma(t))\,\gamma'(t)dt$$

を考えるということです．ただし曲線としては滑らかなものを考えます．つまり曲線を表す関数 γ は連続な導関数 $\gamma'(t)$ をもつとします．この積分を Γ に沿う**線積分**といい，簡単に $\int_\Gamma f(z)dz$ または $\int_\gamma f(z)dz$ で表します．$\gamma(0) = \gamma(1)$ のとき，曲線 Γ は**閉曲線**と呼ばれます．これが「クローズド・カーヴ」です．岡は，複素数で考えると連続関数を閉曲線に沿って線積分することができると言っているのです．さて，この後で解析関数とコーシーの定理が登場します．

岡 ところが一つの数を変数とみて，それから四則をやったり根号に開くことをやったり，それでやめとけば代数函数ですが，それをもう一歩深めますと，リミット，極限へ行くという操作を許すのです．それを一つ許しますと，一般の数が出てきますが，それだけの操作を許して出てくる函数を解析函数というのですが，解析函数を平面曲線に沿って積分すると 0 になるという性質があるということがわかったのです．それをコーシーの定理というのです．それ以後，それを使って解析函数の性質を詳しく調べるということが始まったのです．非常に詳しく調べられるものです．そういうことをほんとうにやれるようになったのは 1845 年のコーシーの第二定理というのからですが，まだやれることが相当に残っているのです．

ここに補足をつけると長くなるので後回しにしますが,「解析函数を平面曲線に沿って積分すると0になる」は,正確には「解析函数を,その定義域の一部を囲いきる閉曲線に沿って線積分すると0になる」であることと,コーシーの第二定理とはコーシーの積分公式のことであることに注意しておきましょう．さて,これに続けて岡ならではの興味深い数学観が披瀝されます．

　　数学史を見ますと,数学は絶えず進んでいくというふうにはなっていません．いま数学でやっていることは,だいたい十九世紀にわかって始められたことがまだ続いているという状態です．証明さえあれば,人は満足すると信じて疑わない．だから数学は知的に独立したものであり得ると信じて疑わなかった．ところが,知には情を説得する力がない．満足というものは情がするものであるという例に出会った．そこを考えなおさなければならない時期にきている．それによって人がどう考えなおすかは,まだこれからの有様を見ないとわからない．数学がいままで成り立ってきたのは,体系のなかに矛盾がないということが証明されているためだけではなくて,その体系を各々の数学者の感情が満足していたということがもっと深くにあったのです．初めてそれがわかったのです．人がようやく感情の権威に気づいたといってもよろしい．人智の進歩としては早いほうかもしれない．人は実例に出会わなければ決してわからない．

　解析関数というものの性質がコーシーの定理にもとづいて詳しく調べられるという所から,岡の話はいつのまにか独自の哲学的

な見解へと移っていきました．この話を受けて小林は哲学者ベルクソン（1859-1941）の説を引きながら自己の芸術論を語り，「サイエンスとメタフィジックがどうしても結びつかないと，全体的な考えというものはないという見事な実例とも思えます.」と結びます．この辺の二人のやりとりは打てば響くが如くで実に読み応えがあります．小林は，岡が語りかける数学の情景に触れながら，あるいは若き日に知った天才詩人中原中也のことを思い出しでもしたのでしょうか[10]．そんな小林を得て発せられた岡の言葉は貴重ですが，ともあれ，私たちも彼等にならい，この辺で実例を中心とした話へと注意を移して行きましょう．

3. 複素平面と指数関数

　解析関数の定義と基本的な性質を正確に述べるための準備として，複素平面について復習をかねてもう少し詳しく述べ，解析関数の最重要例である指数関数を見ておきましょう．

　複素数とは $a+bi$ をいい，点をデカルト式に表した (a, b) を $a+bi$ と見なした平面のことを複素平面（C で表す）というのでした．実数 a を $a+0i$ と同一視して，数直線 R は C に含まれるものと考えます．実数の四則演算と $i^2=-1$ にもとづいて，複素数どうしの加法と乗法を，それぞれ

$$(a+bi)+(c+di)=(a+c)+(b+d)i,$$
$$(a+bi)(c+di)=(ac-bd)+(ad-bc)i$$

---

[10] 中原中也（1907-37）の日記（1927）に次の文章があります．「よくは分からないが，私が私一人，空前絶後に分かったと思っているのは，ベルグソン（＝ベルクソン）の「時間」というものに当たってるらしい．」

で定めます．この加法と乗法は交換法則をみたしますから，$a+bi$ を時には $a+ib$ と書いて式を見やすくすることができます．複素数の演算規則を平面幾何的に言うなら，加法は平行移動，-1 倍は 0 を中心とする 180 度の回転，i 倍は 0 を中心とする左回りの 90 度の回転になります．より一般に $a+bi$ に $c+di$ をかけるということは，これらの数を極座標表示して

$$a+bi = \sqrt{a^2+b^2}(\cos\theta + i\sin\theta),$$
$$c+di = \sqrt{c^2+d^2}(\cos\phi + i\sin\phi)$$

と書き，

$$\begin{aligned}
&(a+bi)(c+di)\\
&= \sqrt{a^2+b^2}(\cos\theta+i\sin\theta)(\cos\phi+i\sin\phi)\\
&= \sqrt{a^2+b^2}\sqrt{c^2+d^2}\{(\cos\theta\cos\phi-\sin\theta\sin\phi)\\
&\qquad\qquad\qquad\quad + i(\sin\theta\cos\phi+\cos\theta\sin\phi)\}\\
&= \sqrt{a^2+b^2}\sqrt{c^2+d^2}\{\cos(\theta+\phi)+i\sin(\theta+\phi)\}\quad \text{(加法定理)}
\end{aligned}$$

に注意すれば，意味がはっきりします．つまり $a+bi$ 倍は 0 を中心として動径方向に $\sqrt{a^2+b^2}$ 倍してから θ だけ回転するという操作になります．したがって，特に 0 でない複素数による割算が可能です．

この事情は $a+bi$ を 2 次行列

$$\begin{pmatrix} a & b \\ -b & a \end{pmatrix}$$

と同一視しても理解できます．こうすると $i^2 = -1$ は

$$\begin{pmatrix} 0 & 1 \\ -1 & 0 \end{pmatrix}^2 = \begin{pmatrix} -1 & 0 \\ 0 & -1 \end{pmatrix}$$

と，行列の演算規則に範った形になります．いずれにせよ要点は

C が四則演算で閉じた集合であることと,$a+bi$ が $\sqrt{a^2+b^2}$ という大きさと θ という角度を持っているということです.$\sqrt{a^2+b^2}$ を $a+bi$ の**絶対値**といい,$|a+bi|$ で表します.θ を $a+bi$ の**偏角**といい,$\arg(a+bi)$ で表します(arg は argument の略).

このように複素数の四則は幾何学的な意味付けができますが,そのことは数論と代数方程式の理論を大きく発展させる原動力にもなりました.その有名な実例が,ガウスによる円周等分方程式の理論です.ガウスはまだ 18 才のときに方程式 $z^{17}=1$ を解き,その解の形から正 17 角形がコンパスと定規で作図可能であると結論付けたのでした.ガウスの研究日誌がこの発見で書き始められていることは有名です.ガウスの理論は「原始根」および「平方剰余の相互法則」という数論の研究に動機づけられていますが,それとは別に,ガウス全集には次の初等的な観察も含まれていて親しみがわきます.

円周 $|z|=1$ 上に左回りに並んだ相異なる複素数 α,β,γ を頂点とする三角形の面積は,$\dfrac{i(\alpha-\beta)(\beta-\gamma)(\gamma-\delta)}{4\alpha\beta\gamma}$ である.

正 17 角形と方程式の関連は,$z^{17}=1$ をみたす複素数 z が $z=1$ の他に 16 通りあり,それらがすべて 0 を中心とする半径が 1 の円周 $|z|=1$ 上にあることです.これはオイラーの公式 $e^{i\theta}=\cos\theta+i\sin\theta$ と指数法則 $e^{in\theta}=(e^{i\theta})^n$,またはド・モアブルの法則 $(\cos\theta+i\sin\theta)^n=\cos(n\theta)+i\sin(n\theta)$ の帰結です.e は自然対数の底またはネピア数と呼ばれる正の実数で,多くの教

科書では
$$e = \lim_{n\to\infty}\left(1+\frac{1}{n}\right)^n$$
で定義されるか，または無限級数の和として
$$e = 1+1+\frac{1}{2}+\frac{1}{6}+\cdots+\frac{1}{n!}+\cdots$$
で定義されています．この二つが同等であることは二項定理から容易に示せますが[11]，オイラーの公式に達するには，e が $\boldsymbol{R}$ 上の関数 $1+x+\frac{x^2}{2}+\cdots+\frac{x^n}{n!}+\cdots$ の $x=1$ での値であることに注意します．この関数が e という数の 2 乗, 3 乗, ... という通常の累乗を自然に拡げて定まる指数関数 e^x と一致するというのが，微分積分学の基本的な結果の一つです（テイラー・マクローリン展開の特別な場合[12]）．定義式を拡げて

(1.1) $\quad e^z = 1+z+\frac{z^2}{2}+\cdots+\frac{z^n}{n!}+\cdots \quad (z = x+iy \in \boldsymbol{C})$

によって $\boldsymbol{C}$ 上の関数 e^z を定めると，
$$e^{i\theta} = 1+i\theta+\frac{(i\theta)^2}{2}+\cdots+\frac{(i\theta)^n}{n!}+\cdots$$
$$= \left(1-\frac{\theta^2}{2}+\cdots\right)+i\left(\theta-\frac{\theta^3}{6}+\cdots\right)$$

---

[11] 例えば [溝畑・高橋・坂田] の p.12 を参照．

[12] $\boldsymbol{R}$ 上の実数値関数 $f(x)$ に対し，すべての n 次導関数 $f^{(n)}(x)$ が存在し，かつ $n\to\infty$ のとき $\sup\left\{\frac{|f^{(n)}(x)|}{n!}; x\in \boldsymbol{R}\right\}\to 0$ ならば $f(x) = \sum_{n=0}^{\infty}\left(\frac{f^{(n)}(0)}{n!}\right)x^n$．

となりますが，これと三角関数のテイラー・マクローリン展開

$$\cos\theta = 1 - \frac{\theta^2}{2} + \cdots, \quad \sin\theta = \theta - \frac{\theta^3}{6} + \cdots$$

を組み合わせればオイラーの公式が得られます．

　ちなみに，$(e^x)' = e^x$ なので $y = e^x$ の逆関数 $y = \log x$（ただし $x > 0$）について $(\log x)' = \frac{1}{x}$ が成り立ちます．このことから

$$\int_1^e \frac{dx}{x} = 1$$

が従います．よってこの式を e の定義にしてもオイラーの公式に達することができる理屈です．実のところ，これが多変数関数論につながる19世紀の代数関数論の発想です．どういうことかといいますと，このようにして指数法則を $\frac{1}{x}$ の積分（原始関数）の逆関数の性質と見なしたとき，三角関数の加法定理も同様に $\frac{1}{\sqrt{1-x^2}}$ の積分の逆関数の性質として理解できます．さらにこれを一般化して $\frac{1}{\sqrt{1-x^4}}$ の積分の逆関数を考えると，複素関数論の世界に入って楕円関数の加法公式に達しますが，もう一歩その先へ進んだところに多変数関数論の芽生えがあったのでした（第二章を参照）．

　さて，オイラー（1707-83）はド・モアブルの法則に導かれて公式 $e^{i\theta} = \cos\theta + i\sin\theta$ を発見したわけですが，19世紀の後半，ワイアシュトラス（1815-97）は (1.1) を出発点に，オイラーの公式をいわば逆用して三角関数を定義し，加法定理を指数法則に帰着させました．つまり

15

$$\cos z = \frac{e^{iz}+e^{-iz}}{2}$$

$$\sin z = \frac{e^{iz}-e^{-iz}}{2i}$$

によって $\cos z$ と $\sin z$ を定義すると，指数法則から加法定理が導けます．この方針を徹底させるため，円周率 π の定義も

$$\pi = \min\{\lambda > 0 ; \cos(z+2\lambda) \equiv \cos z\} \quad (\min \text{ は最小元の意})$$

とするというのがワイアシュトラス流です．このやり方を拡げて，ワイアシュトラスは一般の解析関数論を組織的に展開しました．たとえば指数法則 $e^{z+w} = e^z e^w$ をこの観点にもとづいて示すには，$2^{m+n} = 2^m 2^n$ などの素朴な形の一般化としてではなく定義から直接に

$$\begin{aligned} e^{z+w} &= \sum_n \frac{(z+w)^n}{n!} \\ &= \sum_n \frac{1}{n!} \sum_k {}_nC_k z^k w^{n-k} \quad (\text{二項定理}) \\ &= \sum_n \sum_k \frac{z^k}{k!} \frac{w^{n-k}}{(n-k)!} \\ &= \sum_k \frac{z^k}{k!} \sum_m \frac{w^m}{m!} = e^z e^w \end{aligned}$$

のようにします．この式変形は無限級数の和における順序交換の規則に従っていますが，ワイアシュトラスはその厳密な基礎づけも行いました．解析関数は，このような方法が適用し得る一般的な関数のクラスとして導入されたのです．前置きが長くなりましたが，次節では解析関数の定義と基本的性質について述べましょう．

4. 解析関数の概念

　ここからは一般の解析関数について順を追って述べて行きます．解析関数の概念そのものは積分とはまったく独立ですが，これは見かけ上もっと広い正則関数の概念と一致します．この基本的な事実の証明にコーシーの積分定理が必要になります．まずそこまでを簡単に説明します．

　そもそも関数というものを考えるにあたっては，必ず**独立変数**と**従属変数**という二つの量があって，それぞれ**定義域**，**値域**と呼ばれる範囲を動き，独立変数の一つの値に応じて従属変数の値が（通常は）ただ一つ定まるものとして扱います．つまり，二種類の動き得る数たちを結びつけるもの，あるいは働きとして，関数は存在するわけです．ここでは独立変数として n 個の複素数の組である $z=(z_1,\cdots,z_n)$ を，従属変数として複素数の組 $w=(w_1,\cdots,w_m)$ を考えます．z と w や m と n がアルファベットとして順序が逆転していることには深い意味はありません．ただ，z はドイツ語では Zahl（数）の，w は Wert（値）の頭文字であり，n はフランス語の nombre（数）や英語の number（数）の頭文字であることに注意しておきましょう．話を簡単にするため，以下では特に断らない限り $m=1$ とします．

　z に応じて決まる w の値を $w=w(z)$ で表します．変数 z が動きうる範囲は集合 $\{c=(c_1,\cdots,c_n); c_j \in C\}$ （n 次元複素数空間といい，以下 C^n で表す）あるいはその一部分であり，変数 w は C 内を動きます．このような関数 $w(z)$ を**複素関数**といいます．具体的な関数を書くときには $w(z)$ を $z_1+\cdots+z_n$ や $z_1,\cdots,z_n$ のように式で書けばよいのですが，一般的な話をする

17

ときは，z に w を対応させる機能（function）があると思ってそれを別の記号（f や g など）で表し，$w = f(z)$ と書いたりします．

$z = x + iy$, $x = (x_1, \cdots, x_n)$, $y = (y_1, \cdots, y_n)$ ですから，z が $\boldsymbol{C}^n$ 内を動けば (x, y) は $\boldsymbol{R}^{2n} = \{(a_1, \cdots, a_{2n}) ; a_j \in \boldsymbol{R}\}$ 内を動き，したがって複素 n 変数の関数は実 $2n$ 変数の関数に他ならないので，一般の複素関数については特に複素変数を考える意味はありません．

複素関数論の独自性は解析関数の世界で初めて現れます．そもそも定義からしてそうで，解析関数を一口に言えば局所的に[13] 多項式で近似できる関数ということになりますが，実変数の関数ですと，実のところこれは連続関数のことを言っているにすぎません（ワイアシュトラスの多項式近似定理）．しかし複素関数の場合，z の多項式で近似される関数のクラスは以下で述べるようにもっと限定されたものになります．この理由により複素解析関数の世界ではしばしば物事が非常に単純になり，美しい公式が得られます．複素変数では実変数では起こらない現象が次々に現れます．

「近似」ということを正確に述べるため，少々準備をします．まず関数の定義域についてです．一変数の微積分学では $\boldsymbol{R}$ の区間上の関数を考えますが，複素関数論では変数の動く範囲として区間の代わりに領域というものを考えます．領域とは次の条件 1), 2) をみたす集合 $D \subset \boldsymbol{C}^n$ をいいます．

---

[13] 局所的に＝各点のまわりで（厳密な意味は後述）

1) 任意の（= 意に任せて好きなように選んだ）$c \in D$ に対し，正の数 ε を c に応じて十分小さく選べば，集合
$$\{z \in \boldsymbol{C}^n; |z_j - c_j| < \varepsilon \quad (j = 1, 2, \cdots, n)\}$$
が D に含まれるようにできる．（**局所完全性**）
2) D の任意の2点を D 内の曲線で結ぶことができる．（**弧状連結性**）

条件1) をみたす集合を**開集合**といいます．領域の和集合が開集合です．定義より空集合も開集合で，かつ領域でもあります．

◆**領域の例**

円　　板：　$\{z \in \boldsymbol{C}; |z - a| < r\}$　$(a \in \boldsymbol{C}, r > 0)$

円　　環：　$\{z \in \boldsymbol{C}; r < |z - a| < R\}$　$(0 \leq r < R)$

多重円板：　$\{z \in \boldsymbol{C}^n; |z_j - a_j| < r_j, j = 1, 2, \cdots, n\}$

開　　球：　$\{z \in \boldsymbol{C}^n; \|z - a\| < r\}$

ただし $\|z - a\|$ は z と a のユークリッド距離を表します[14]．多重円板を $D(a, r)$ $(r = (r_1, \cdots, r_n))$，開球を $B(a, r)$ で表します．$D(a, r) = B(a_1, r_1) \times B(a_2, r_2) \times \cdots \times B(a_n, r_n)$ となります[15]．

$\boldsymbol{C}^n$ の部分集合で，いくつかの（無限個でもよい）開球の和集

---

[14]　$\|z - a\| = (|z_1 - a_1|^2 + |z_2 - a_2|^2 + \cdots + |z_n - a_n|^2)^{\frac{1}{2}}$

[15]　集合 $X_1, X_2, \cdots, X_n$ に対し，$X_1 \times X_2 \times \cdots \times X_n = \{(x_1, \cdots, x_n); x_j \in X_j\}$（直積という）．$X_1 = \cdots = X_n = X$ のときこれを X^n と書く．

合になっているものが、上の意味の開集合になります。点 a を含む開集合を a の**近傍**と呼びます。「a のある近傍上で」と言う代わりに、簡単に「a の近傍上で」とか「a のまわりで」という言い方をします。C^n の部分集合 X に対し、X に含まれる最大の開集合を X の**開核**といい、$X°$ で表します。X の**境界**(∂X で表す)とは次の条件を満たす点 b の集合をいいます。

 $b \notin X°$ であり、かつ任意の正の数 ε に対し、$\|a-b\| < \varepsilon$
 をみたす X の点 a が(ε を止めるごとに)存在する。

領域に対し、区間の端に相当するものが境界です。また、補集合が開集合であるような集合を閉集合と呼びます。領域の境界や 2 点を結ぶ曲線などは閉集合です。X を含む最小の閉集合を X の閉包といい $\overline{X}$ で表します。X がある開球に含まれるとき、X は有界であると言います。点の集合に関するこれらの概念は、関数の挙動を記述する時にしばしば必要になります。さて、これで「極限へ行くという操作」の準備が整いました。

> **定義 1.1** 定義域内の各点のまわりで収束ベキ級数の和に等しい関数を解析関数という。

ただし、(点 a を中心とする)**ベキ級数**[16] とは
(1.2) $$\sum c_k (z_1-a_1)^{k_1} \cdots (z_n-a_n)^{k_n}$$
$$(k=(k_1,\cdots,k_n),\ k_j \text{ は非負整数を動く})$$

---

[16] ベキ級数の「ベキ」は「冪」と書いたり「巾」と書いたりします。最近では「ベキ」が一般的です。これを「べき級数」と書くと、「収束するべき級数」と書いたときに意味が二重になります。

という形式的な和（以下ではよく $\sum c_k(z-a)^k$ と略記）をいい，これが**収束ベキ級数**であるとは，a のまわりの任意の点 z に対し，(1.2) のすべての項をどんな並べ方でもよいからとにかく一列に並べ，それを途中までの有限個で打ち切ってできる和からなる数列が収束するときをいいます．その極限値（リミット）を**ベキ級数の和**といい，c_k をその値で定まる関数の a における**テイラー係数**といいます．$c_k \neq 0$ をみたす k に対する $k_1+\cdots+k_n$ の最小値をベキ級数 (1.2) の**位数**またはそれが表す関数の a における**零点の位数**といいます．

ベキ級数 (1.2) が収束するための条件は，

> ある $K>0$ と $M=(M_1,\cdots,M_n)$ ($M_j>0$, $j=1,2,\cdots,n$) があって，すべての $k=(k_1,\cdots,k_n)$ に対して $|c_k|<KM^k$ が成り立つ．（ただし $M^k=M_1^{k_1}\cdots M_n^{k_n}$）

となります（ワイアシュトラスの M テスト）．このときベキ級数 (1.2) は多重円板 $D(a,M)$ 上で収束します．

◆ **収束ベキ級数の例**

等比級数： $\sum M^k z^k$ $\left(=\prod_{j=1}^{n}(1-M_j z_j)^{-1}, \text{ただし } |z_j|<M_j\right)$

二項級数： $1+\kappa w+\dfrac{\kappa(\kappa-1)}{2}w^2+\cdots$

$\cdots+\left(\dfrac{\kappa(\kappa-1)\cdots(\kappa-m)}{(m+1)!}\right)w^{m+1}+\cdots$ ($\kappa \in C$)

等比級数は古代ギリシャの昔から知られていたようですが，二

項級数による展開式
$$(1+t)^\kappa = 1 + \kappa t + \frac{\kappa(\kappa-1)}{2}t^2 + \cdots \quad (|t|<1,\ \kappa \in \mathbf{R})$$
を発見したのはニュートン (1642-1727) や建部賢弘 (1664-1739) らです．アーベル (1802-29) は $\kappa, w \in \mathbf{C}$ に対する二項級数を研究し，円周 $|w|=1$ 上の点に w が円の内部から近づく時の挙動を調べました．

解析関数の定義として，見かけ上やや広い次のものを採用することも可能です．

> **定義 1.2** $\mathbf{C}^n$ の開集合 D 上の複素関数 $f(z)$ が点 $a(\in D)$ で**解析的**であるとは，a のある近傍上で $f(z)$ が z の多項式によって任意の精度で近似できることをいう．D のすべての点で解析的な関数を D 上の**解析関数**という．

ただし関数の集合 $\mathcal{F}$ に対し，集合 U 上の関数 f が $\mathcal{F}$ の元で**任意の精度で近似できる**とは，任意の $\varepsilon > 0$ に対して $\mathcal{F}$ の元 g があり，g は U を定義域に含み，かつ U のすべての点 z で $|f(z) - g(z)| < \varepsilon$ が成り立つことをいいます．

> **定義 1.3** 関数列 $f_\nu (\nu = 1, 2, \cdots)$ が f に**収束する**とは，$N(=\{\nu; \nu = 1, 2, \cdots\})$ の任意の無限部分集合 A に対し，f が集合 $\{f_\nu; \nu \in A\}$ の元で任意の精度で近似できるときをいう．

一つのベキ級数を数列と見る仕方は上のようですが，これを同じ仕方で多項式の列と見たとき，その関数列が局所的に収束するような最大の領域を，ベキ級数の**収束域**といいます．多変数の場合，収束域は多重円板の和集合になっていますが，それが凸性に似た一定の形状をしていることが多くの問題に関わってきます（詳しくは第三章以降を参照）．

5. 解析関数と正則関数

　以後，特に断らなければ D は C^n の領域とします．D 上の解析関数の集合を $\mathcal{O}(D)$ で表し，a を中心とする収束ベキ級数の集合を $C\{z-a\}$，または簡単に $\mathcal{O}_a$ と書きます．

　$f \in \mathcal{O}(D)$，$a \in D$ のとき，定義より a のまわりで f に等しい $\mathcal{O}_a$ の元がありますが，それを f の a における**芽**といい，f_a で表します．$\mathcal{O}(D)$ から $\mathcal{O}_a$ への写像 $\rho_{D,a}$ を $\rho_{D,a}(f) = f_a$ で定めます．

　$f, g \in \mathcal{O}(D)$ ならば $f \pm g, fg \in \mathcal{O}(D)$ であることは定義からすぐわかります．したがって $\mathcal{O}(D)$ は加法，減法および乗法に関して閉じており，代数学でいう**環**[17]の構造を持ちます．$\mathcal{O}_a$ についても同様です．環のもっとも身近な例は，整数の集合（Z で表す）や多項式の集合

$$C[z] = \left\{ \sum_{|k|=0}^{N} c_k z^k ; c_k \in C,\ N = 0, 1, 2, \cdots \right\} \quad (|k| = k_1 + \cdots + k_n)$$

などです．C も環ですが，これは 0 でない元で割算ができる環で

---

[17] 以後，環といえば積が交換法則をみたし単位元をもつものを指す．

す．このような環を**体**といいます．有理関数の集合は体になります．$\mathcal{O}(D)$ の環としての代数的な構造で解析関数の性質に由来するものに注目するなら，ワイアシュトラスの理論や岡の連接性定理が必要になりますが，その話は第二章でします．ここではすぐ証明できる次の定理で肩ならしをしておきましょう．ただしこの段階ではまだ複素変数に特有の現象ではありません．

定理1.1（**一致の定理**）　$\rho_{D,a}$ は単射[18]である．

証明　$f, g \in \mathcal{O}(D), f_a = g_a$ とする．D の部分集合 I を
$$I = \{b; b \text{ のある近傍上で } f = g\}$$
で定めると，$f_a = g_a$ より $I \neq \emptyset$（空集合）．I の定義より I は開集合である．つぎに $D - I$ が開集合であることをいうため，I の点列 b_μ $(\mu = 1, 2, \cdots)$ が D の点 c に収束したとする．すると c のまわりで f, g は解析的だったから，b_μ における f, g のテイラー係数の各々は，c における f, g の対応するテイラー係数へと収束する．よって c における f, g のテイラー係数はすべて一致するから $f_c = g_c$ となり，したがって $c \in I$．ゆえに $D - I$ は開集合である．D は弧状連結だったから，"$D = I \cup (D - I)$, $I \neq \emptyset$, I と $D - I$ は開集合" $\Rightarrow D - I = \emptyset$．よって $D = I$ となる．　□

---

[18] 写像 φ が単射 $\Leftrightarrow$ "$\varphi(a) = \varphi(b) \Rightarrow a = b$"．一般に $A \Leftrightarrow B$ は A と B が互いに同値であることを示すが，この場合のように定義を述べる時にも用いる．$A \Rightarrow B$ は "A ならば B" の意味．

上の証明中，「"$D = I \cup (D-I)$, $I \neq \varnothing$, I と $D-I$ は開集合"$\Rightarrow D-I = \varnothing$」は弧状連結性（前節の条件 2）を用いた議論でよく用いられます．この性質を取り出して，一般の集合についても連結性を次のように定義しておくと便利です．

> **定義 1.4** C^n の部分集合 A について，A が**連結**であるとは，条件「互いに交わらない二つの開集合の和が A を含むならどちらか一方は A を含む（よって他方は A と交わらない）．」をみたすことをいう．一般に，A の連結な部分集合のうちで極大[19]なものを，A の**連結成分**という．

ベキ級数は解析関数を限られた範囲でしか表示できませんが，一致の定理により領域上の解析関数のすべての情報を含んでいることがわかります．与えられたベキ級数表示から関数の性質がどれだけ読み取れるかは別にして，このことは理論上重要であるというべきでしょう．関数の全体像を復元する操作として解析接続がありますが，これについてはもっと後で述べましょう．ただ，これに関連して二つの例を挙げておきます．

ベキ級数表示の例

その 1.　　　　$(1-z)^{-1} = 1 + z + z^2 + \cdots$　$(|z| < 1)$.

右辺は $|z| < 1$ の範囲でしか収束しませんが，左辺は $z = 1$ を除いて定義され，そこで至る所解析的です．

---

[19] 極大な＝それより真に大きいものがない

その2. $$\log z = (z-1) - \frac{(z-1)^2}{2} + \frac{(z-1)^3}{3} - \cdots$$
$$(|z-1|<1 \text{ かつ } -\frac{\pi}{2} < \arg z < \frac{\pi}{2}).$$

これは e^z の「逆関数」である対数関数 $\log z = \log|z| + i\arg z$ ($z \neq 0$) の (一つの) 展開式です. $\arg z$ には 2π の整数倍だけの自由度があるので, $\log z$ はこの式のままでは通常の関数ではありませんが, 領域 $|z-1|<1$ 上では $\log z$ の一つの値に対して上式のような展開が可能です. このように, 収束ベキ級数から始めて自然に定義域を拡張して行こうとすると, 関数の多価性という現象に出会います.

次も解析関数の著しい性質の一つです. ここからが複素変数特有の現象です.

定理1.2 (**最大値の原理**)　$\mathbb{C}^n$ の領域 D に対し, $f \in \mathcal{O}(D)$, $a \in D$, かつ $|f(a)| = \max\{|f(z)|; z \in D\}$ ならば, $f(z)$ は定数 (= 定値関数) である.

これは多項式の性質がそのまま解析関数に広がる例です. 証明もそのようにしてできます (開集合の像を見る). 複素関数が実関数と大きく異なる点を, 一旦は解析性から離れて「一回微分可能なら無限回微分可能になる.」という形で述べることもできます. より正確には次の通りです.

> **定理 1.3**（**コーシー・グルサの定理**） 領域 D 上の複素関数 $f(z)$ に対して以下は同値である．
> 1) $f \in \mathcal{O}(D)$.
> 2) 任意の $a \in D$, $\varepsilon > 0$ に対して $c \in \boldsymbol{C}^n$, $\delta > 0$ があって，$\|z-a\| < \delta$ のとき
> $$|f(z) - f(a) + \sum c_j(z_j - a_j)| \leq \varepsilon \|z-a\|$$
> が成立する．

これは結局解析関数の特徴づけということになりますが，実質的にはコーシーの積分定理の成立範囲を確定させる命題であり，意味深長なものがあります．条件 2) は「$f(z)$ は定義域の各点のまわりで変数 z の一次式で一意的に最良近似される，つまり変数 z について微分可能である」という意味で，そのためこの条件をみたす関数のことを正則関数と呼びます．

$n = 1$ の時，この正則性の条件は $\lim_{h \to 0} \left(\dfrac{f(a+h) - f(a)}{h} \right) = c$ $(a \in D)$ と書けます．2) はこれの言い換えになっています．$n = 1$ のとき上の c を $f'(a)$ と書き，f の a における**微係数**といい，関数 $f'(z)$ を $f(z)$ の**導関数**といいます．逆に，$f(z)$ は $f'(z)$ の**原始関数**と呼ばれます．$n \geq 2$ のとき c_j を $\dfrac{\partial f}{\partial z_j}(a)$ で表し，f の a における z_j に関する**偏微係数**といいます．関数 $\dfrac{\partial f}{\partial z_j}(z)$ を $f(z)$ の z_j に関する**偏導関数**といいます．定義から容易にわかることですが，$f \in \mathcal{O}(D)$ ならば $\dfrac{\partial f}{\partial z_j} \in \mathcal{O}(D)$ であり，

$\mathcal{O}(D)$ の元は局所的に各変数 z_j について原始関数を持ちます.

　実変数の微積分学の教程では「無限回微分可能であってもテイラー級数が収束するとは限らない」という注意があったりしますが，定理1.3があるので正則関数の世界ではこういった心配は無用です．高木が「玲瓏なる境地」と言ったのはここを指しています．実際，これにより正則関数は解析的になるので局所的に原始関数を持ち，一方では原始関数をもつ関数は定義により正則関数の導関数であるので定理1.3より解析関数の導関数になり，よって正則です．正則関数のこの意味での積分可能性を線積分を表に出して言ったのがコーシーの積分定理で，定理1.3の証明はこれに基づいています．そこで次節ではコーシーの積分定理に関連することがらについて述べましょう．

6. コーシーの積分定理とその周辺

　この節では D は $\mathbb{C}$ の領域で，$f(z)$ は D 上の正則関数とします.

> **定理1.4**（**コーシーの積分定理**）　$\gamma(t)$ $(0 \leqq t \leqq 1)$ は D 内の滑らかな閉曲線で，$b \notin D$ ならばつねに
> $$\int_\gamma \frac{dz}{z-b}\left(=\int_\gamma \frac{1}{z-b}\,dz\right)=0$$
> であるとする．このとき
> $$\int_\gamma f(z)dz = 0$$
> である.

系 1.1 正則関数は局所的に原始関数を持つ.

　閉曲線に沿う積分が 0 であるような関数がなぜ原始関数を持つかといいますと，そのような関数 $f(z)$ に対し，
$$F(z)=\int_a^z f(z)dz$$
とおくことにより $F'(z)=f(z)$ をみたす関数が作れるからです．ただし $\int_a^z$ は $\gamma(0)=a$, $\gamma(1)=z$ をみたす曲線 γ に沿う積分を表します．積分が γ の端点だけで決まるところに「閉曲線に沿う積分が 0」を使っています．

　線積分は，曲線を表す助変数 t を向きを保ちながら（例えば t から t^2 に）取り替えても変わらないので，曲線 $\gamma([0,1])$ に t が増加する向きをつけたものを C などの記号で表して**積分路**と呼び，これに沿う積分を $\int_C f(z)dz$ と書いたりします．

　コーシーの積分定理が正則関数に対して定理 1.3 を意味する形で確立されたのは 1884 年のことでしたが[20]，これによって一変数の解析関数の基礎理論が完成したと言えましょう．

　余談ですが，コーシーが生まれた年に起こったフランス革命の後始末をしたのが英傑ナポレオン（1769-1821）で，コーシーはナポレオンが軍の支配下に置いたエコール・ポリテクニクを卒業してからシェルブールの港で土木技師を務め，ナポレオンが失脚した 1815 年の王制復古の後，エコール・ポリテクニクの教授

---

[20] E. Goursat, Démonstration du théorèm de Cauchy, Acta Math. 4 (1884), 197-200.

およびアカデミーの会員として活躍しました．しかし1830年の七月革命以後，王家のブルボン一族と共に国外追放になって単身の亡命生活を経験しています．1838年にパリに戻っても公職に就けず，イエズス会の学校で教えたりしていましたが，1848年の二月革命の後はソルボンヌ大学の教授に任命されました．（岡はここのジュリア教授のところに留学したわけです．）このように，コーシーが生きたのは政治的には大混乱の時代でした．経済的にもフランスはイギリスに比べて工業化に遅れを取っていましたが，数学や天文学を始めとする自然科学は，科学者たちの献身的な努力によりこの時期長足の進歩を遂げました．たとえばナポレオンの軍隊の若手将校としてロシア遠征に参加したポンスレ（1788-1867）は，モスクワでの大敗北の後，捕虜としてボルガ河畔のサラトフに抑留されましたが，その間に射影幾何の構想を得たことで有名です．「ふらんすへ行きたしと思えどもふらんすはあまりに遠し」（萩原朔太郎[21]）のように憧れの的になったフランス文化は，この後で花咲いたのでした．フランス革命の100年後に完成したエッフェル塔の側面には，多くのフランス人科学者たちの名が刻まれています．ナポレオン廟（廃兵院）の側からエッフェル塔に向けて歩いて行くと，一番左にCAUCHYの文字が読めます．

　さて，コーシーの積分定理には他にもいろいろな述べかたがありますが，よく定積分の計算に用いられるものは $\int_{\partial D} f(z)dz = 0$ という形をしています．ただし $f(z)$ は D 上で正則で $\overline{D}$ で連続，∂D は互いに交わらない有限個の滑らかな閉曲線から成っ

---

[21] 1886-1942, 日本語の口語自由詩を確立した詩人．

ておりそれらには D がある側を左手に見る向きがついているとします．（$\overline{D}$ は D の閉包，∂D は D の境界を表すのでした．）
$\int_{\partial D} f(z)dz$ の形の式を**周回積分** (contour integral) と呼ぶことがあります．

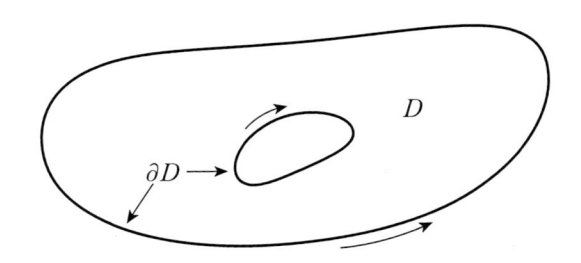

この形の積分定理の証明は多くのテキストに載っています（例えば解析概論の 208 頁-211 頁）．

∂D が互いに交わらない閉曲線の和集合として $C_1 \cup \cdots \cup C_m$ と書けているとき（$C_j \neq \emptyset$ かつ "$j \neq k \Rightarrow C_j \cap C_k = \emptyset$"），積分路としての ∂D の向きを各々の C_j につけ，$\partial D = C_1 + \cdots + C_m = \sum C_j$ と書きます．こうすると

$$\int_{\sum C_j} = \int_{C_1} + \cdots + \int_{C_m}$$

などと書けて便利です．C_j の向きを反対にしたものを $-C_j$ で表すと

$$\int_{-C_j} = -\int_{C_j}$$

となります．$C_1, \cdots, C_m$ が ∂D の一部ではなく D に含まれる一般の積分路である場合にも，Z 係数の形式的な一次結合 $C =$

31

$\sum \mu_j C_j$ に対して
$$\int_C = \sum \mu_j \int_{C_j}$$
により C に沿う積分を定義します．このような C を D 内のサイクルと呼びます．こうすると，定理 1.4 は次の形にまで一般化されます．

定理1.5 （コーシーの定理の一般型） D 内のサイクル C が，任意の $b \notin D$ に対して

(1.4) $$\int_C \frac{dz}{z-b} = 0$$

をみたせば

$$\int_C f(z)dz = 0$$

である．

定理 1.5 の明快で丁寧な証明が L. アールフォルス (1907-96) の本 [A] にあります．ポイントは，条件 (1.4) と次の定理をうまく組み合わせることです．

定理1.6 （コーシーの積分公式） $f(z)$ が D で正則であり，$\overline{D}$ で連続ならば

(1.5) $$f(z) = \frac{1}{2\pi i} \int_{\partial D} f(\zeta) \frac{d\zeta}{\zeta - z} .$$

証明 $\varepsilon > 0$ を $B(z, 2\varepsilon) \subset D$ となるようにとり，
$$D_\varepsilon = D - \overline{B(z, \varepsilon)}$$

とおく．すると $\frac{f(\zeta)}{\zeta-z}$ は変数 ζ の関数として $D-\{z\}$ 上で正則だから，コーシーの積分定理により

$$\int_{\partial D_\varepsilon} f(\zeta)\frac{d\zeta}{\zeta-z} = 0$$

よって

$$\int_{\partial D} f(\zeta)\frac{d\zeta}{\zeta-z} = \int_{\partial B(z,\varepsilon)} f(\zeta)\frac{d\zeta}{\zeta-z}.$$

したがって，$f(\zeta)$ が $\zeta=z$ で連続であることと，$\partial B(z,\varepsilon)$ が

$$t \longrightarrow z+\varepsilon e^{2\pi it} \ (0 \leqq t \leqq 1)$$

という曲線によって助変数表示されることから，

$$\lim_{\varepsilon \to 0}\int_{\partial B(z,\varepsilon)} f(\zeta)\frac{d\zeta}{\zeta-z} = f(z)\int_0^1 2\pi i dt = 2\pi i f(z). \quad \square$$

あと一つ，コーシーの積分定理の周回積分型を一般化して，定理 1.6 を含む形にしたものを述べておきましょう．

定義 1.5 $g \in \mathcal{O}(D)$ かつ $a \notin D$ のとき，さらに $a \in (D\cup\{a\})^\circ$ ならば，a は g の**孤立特異点**であるという．

定義 1.6 a が g の孤立特異点であるとき，
$\displaystyle\lim_{\varepsilon \to 0}\frac{1}{2\pi i}\int_{\partial B(a,\varepsilon)} g(z)dz$ を g の a における留数といい $\mathrm{Res}(g,a)$ で表す．

定理 1.7（**留数定理**） D の有限部分集合 Γ があって，g は $\overline{D}-\Gamma$ 上で連続で $D-\Gamma$ 上で正則であるとする．このとき
$$\int_{\partial D} g(z)dz = 2\pi i \sum_{a\in\Gamma} \mathrm{Res}(g, a).$$

　この公式が定積分の計算には一番使いやすい形です．たとえばこれを使って三角関数の有理式を区間 $[0, 2\pi]$ 上で積分するには，$z=e^{i\theta}$ のとき $2\cos\theta = z+\dfrac{1}{z}$, $2i\sin\theta = z-\dfrac{1}{z}$ が成り立つことに注意し，留数定理により z の有理関数の留数の計算に帰着させます．この種の計算問題は今でも理工系の大学院の入試問題によく見られます．

　多項式の極限が解析関数でしたが，有理関数の極限が**有理型関数**です．関数の値として ∞ を許すことにして，局所的に有理関数の極限であるものを考えることになりますが，次の形で定義するのが普通です．

定義 1.7 C の開集合 D 上の正則関数 $g(z)$ に対し，g の孤立特異点 a が g の極であるとは，
$$\lim_{z\to a}\frac{1}{g(z)} = 0$$
が成立することをいい，「$\Omega = D\cup\Gamma$ かつ Γ の各点は g の極」であるとき，g は Ω 上の**有理型関数**であるという．

　　　a が g の極のとき，$f(z)=\dfrac{1}{g(z)}$ $(z\neq a)$, $f(a)=0$ とおけば

$f(z)$ は a のまわりで正則になります．f_a の a での零点の位数を g の a における**極の位数**といいます．今日の複素関数論においては，解析関数といえば有理型関数をさすことがあります．

　以上，かなりの駆け足ながら，コーシーやワイアシュトラスらによって建設された一変数の解析関数論の一端を眺めてみたわけですが，これに続くべき多変数関数の基礎理論においては，20世紀になってもなお，多くの未解決問題が残されていました．解析概論が書かれた 1938 年頃には岡がそれらの一部を解決し始めていましたが，それでも多変数関数論全体は，まだ海のものとも山のものともつかない状態でした．このことを考えると，数論で類体論という大理論を完成に導いた高木に岡の仕事が見守られていたことが，非常に意味深く思われます．代数学・数論が多変数関数論と交差する部分で岡が発見した一つの定理は非常に基本的なものであり，20 世紀後半における数学の展開の中で，類体論に劣らぬ輝きを発するようになりました．次章ではそれが見える所まで歩を進めて行きましょう．

第二章
岡の連接性定理

1. 楕円関数からアーベル関数へ

　この章では岡が手紙で高木に予告した理論の一端に触れてみましょう．岡の主要な論文を発表年順に番号をつけて呼ぶことにしますが，ここではそのうちの第七論文で確立された一つの定理を目指すことにします．この定理は**岡の連接性定理**の名で知られるもので，1950年代に大きく展開した**層コホモロジー論**において要になる重要な命題です．そのため，多くの本ではこの定理を述べる前に層の概念が説明されますが，連接性定理そのものはこれとは切り離して独立に述べることができるので，ここでは層コホモロジー論の枠組みにはしばらく眼をつぶることにします．とはいえ，連接性定理の重要性が不明瞭ではいけないので，その来歴について詳しくのべることにします．

　岡の講義ノートに，「ドイツの大学に数学科ができたのは，**楕円関数の研究が盛んになったから**」という一節があります．連接性定理の発見も元をたどれば楕円関数に行き着くので，ここから話を始めましょう．（風流のはじめや奥の田植唄　芭蕉）

　19世紀になってから，ファニャーノ（1682–1766），オイラー，ルジャンドル（1752–1833）らによる，レムニスケート[1]の弧長の研究に由来する積分公式の研究をふまえて，ガウスやアーベ

---

[1] 平面上で二定点からの距離の積が一定の8の字型の曲線

ルらによって楕円関数の研究が創始されました．楕円関数とは二重の周期をもつ C 上の有理型関数をいいます．つまり有理型関数 $f(z)$ が楕円関数であるとは，$f(z+\omega_j) \equiv f(z)$ をみたす複素数 ω_j $(j=1,2)$ で比が実数ではないものがあることをいいます．一般に，関数 $f(z)$ に対して，$f(z+w) \equiv f(z)$ をみたす複素数 ω を $f(z)$ の（ひとつの）**周期**といいます．便宜上，$f(z)$ の周期全体の集合のことも周期と呼びます．比が実数ではない ω_j $(j=1,2)$ を勝手に与えて，周期がちょうど集合 $Z\omega_1+Z\omega_2 = \{a\omega_1+b\omega_2 | a,b \in Z\}$ になるような楕円関数が作れます（第三章第 2 節 (3.6)）．指数関数や三角関数を複素変数の関数とみなせばそれらの周期は $Z\omega$ $(\omega \neq 0)$ の形の集合ですが，このことからも推し量れるように，これらの周期関数は楕円関数の極限とみなせます．指数法則や加法定理の一般化が楕円関数の世界にはあり，それらはさらに代数関数の積分から生ずる一般的な数学的構造の一例となっています．これらを精力的に研究したのがアーベルやヤコービ (1804-51)，そしてガウスでした．アーベルはいわばその扉を開けただけで，過労と貧困の中で早世しましたが，ヤコービはアーベルの先へ進み，この理論の中に多変数の周期関数が自然な形で現れることを発見し，これを**アーベル関数**と名付けました．その後，アーベル関数の研究はワイアシュトラス，リーマン (1826-66)，ポアンカレ (1854-1912) らによって進められました．

　ワイアシュトラスはコーシーと並んで近代解析学の父とも言える存在ですが，ポアンカレが彼への追悼の辞で述べたところでは，ワイアシュトラスの生涯の目標はアーベル関数についての完全な理論を作り上げることでした．そのためにワイアシュトラス

が重視したのは代数的な方法で，その基礎として**ワイアシュトラスの予備定理**というものを残しました．これが（今日の後知恵で解釈すれば）連接性定理の原型になるので次節で詳しく述べますが，ここではしばらくアーベルからワイアシュトラスへの関数論の流れを追ってみましょう．

アーベルは，多価関数である線積分

(2.1) $$u = \int_0^z \frac{dt}{\sqrt{(1-a^2t^2)(1+b^2t^2)}} \quad (a, b > 0)$$

の逆関数として楕円関数を導入し，積分の分類が中心だったそれまでの研究の流れを変えました (1827)．(2.1) で z を u の関数と見たときに二重周期関数になるというわけです．楕円関数の一般論は他書に譲り，(2.1) にまつわる二三の公式を話の糸口にします．

まず，区間上の定積分を用いて

$$\omega = 2\int_0^{\frac{1}{a}} \frac{dt}{\sqrt{(1-a^2t^2)(1+b^2t^2)}}$$

$$\omega' = 2i\int_0^{\frac{1}{b}} \frac{dt}{\sqrt{(1+a^2t^2)(1-b^2t^2)}}$$

とおくと $z = z(u)$ の周期は $\boldsymbol{Z}\omega + \boldsymbol{Z}\omega'$ であり，

(2.2) $$z = \frac{\omega}{\pi}\sin\frac{u\pi}{\omega}\prod_{m=1}^{\infty}\frac{1+\dfrac{\sin^2\frac{u\pi}{\omega}}{\sinh^2\frac{m\omega'\pi}{\omega}}}{1-\dfrac{\sin^2\frac{u\pi}{\omega}}{\sinh^2(\frac{(2m-1)\omega'\pi}{2\omega})}}$$

（ただし $\sinh x = \dfrac{e^x - e^{-x}}{2}$）

が成り立ちます．(2.2) は少し込み入った形をしていますが，三角関数の場合にオイラーが発見した等式

$$(2.3) \qquad \sin \pi x = \pi x \prod_{n=1}^{\infty}\left(1-\frac{x^2}{n^2}\right)$$

の延長上にある無限積展開式の一つとみなせます．アーベルはこの種の公式をいくつか計算した後，e, π, ω ($a = b = 1$) の間の関係式として

$$(2.4) \quad \left(\int_0^1 \frac{dt}{\sqrt{1-t^4}}\right)^2 = \pi^2 \left(\frac{e^{\frac{\pi}{2}}}{e^{\pi}+1} - 3\frac{e^{\frac{3\pi}{2}}}{e^{3\pi}+1} + 5\frac{e^{\frac{5\pi}{2}}}{e^{5\pi}+1} - \cdots\right)$$

を得ました．左辺の括弧内は曲線 $(x^2+y^2)^2 - x^2 + y^2 = 0$（レムニスケート）の周長の $\frac{1}{4}$ にあたります．ライプニッツ (1646-1716) が示した

$$(2.5) \qquad \int_0^1 \frac{dt}{\sqrt{1-t^2}} \left(=\frac{\pi}{4}\right) = 1 - \frac{1}{3} + \frac{1}{5} - \frac{1}{7} + \cdots$$

や，バーゼルの等式の名で有名なオイラーの

$$(2.6) \qquad \frac{\pi^2}{6} = 1 + \frac{1}{4} + \frac{1}{9} + \frac{1}{16} + \cdots$$

が (2.4) の原型になっています．

ちなみに，$\widetilde{\omega} = \int_0^1 \frac{dt}{\sqrt{1-t^4}}$ とおけば

$$(2.7) \qquad e^{\pi} = 4(\widetilde{\omega} \prod (1-(m+in)^{-4}))^8$$

（ただし (m, n) は $(0, 0)$ を除く非負偶数の組を動く）

であることを，19才のガウスが推測していました．当時の数学の俊秀たちはこのような公式を特に尊んでいたようです．

(2.5) や (2.6) は初等的な微積分学の演習問題ですが，それと同様に，完成された楕円関数論から見れば (2.4) や (2.7) は簡単な演習問題です[2]．楕円関数の基本的な公式から射影幾何に

---

[2] 詳しくは「近世数学史談」(高木貞治著, 岩波文庫) の第 6～8 章を参照．

おけるポンスレの閉形定理[3]が導けることも有名です．これはヤコービの観察（1828）でしたが，彼のもっとも重要な貢献は，一般の楕円関数を後に**ヤコービのテータ級数**と呼ばれる無限級数の比として表し，楕円関数の理論をその諸性質から導いたことです．ヤコービのテータ級数とは無限級数

$$(2.8) \quad -\sum_{n \in Z} \exp\left(\pi i \left\{\left(\frac{n+1}{2}\right)^2 \tau + (2n+1)\left(z + \frac{1}{2}\right)\right\}\right)$$

のことで，$z \in C$，$\tau = s + it \in C$，$t > 0$ のとき収束し，この範囲で正則関数を定めます．その関数を $\theta(z, \tau)$ で表すと，これはいわゆる三重積公式

$$(2.9) \quad \sum_{n \in Z} \exp(\pi i \tau n^2 + 2\pi i n z)$$
$$= \prod_{m=1}^{\infty} (1 - \exp(2m\pi i \tau))(1 + \exp((2m-1)\pi i \tau + 2\pi i z))$$
$$(1 + \exp((2m-1)\pi i \tau - 2\pi i z))$$

により

$$(2.10) \quad \theta(z, \tau) = i \exp\left(\pi i \left(\frac{\pi}{4} - z\right)\right)$$
$$\times \prod_{n=0}^{\infty} (1 - \exp(2\pi i (n+1)\tau))(1 - \exp(2\pi i (n\tau + z)))$$
$$(1 - \exp(2\pi i ((n+1)\tau - z)))$$

と書き換えられたり，変換公式

$$(2.11) \quad \theta\left(\frac{z}{\tau}, -\frac{1}{\tau}\right) = -i\sqrt{-i\tau} \exp\left(\frac{\pi i z^2}{\tau}\right) \theta(z, \tau)$$

をみたしたりします．（$\theta(z, \tau)$ はヤコービのテータ関数と呼ばれています．）ヤコービのこの仕事（1829）をガウスは読んでおり，

---

[3] 与えられた大小二つの楕円に対し，それらに内外接する n 角形が一つでもあれば，同様のものが無限個ある．

そのこともガウスに著作を断念させる原因となったと想像されますが，それはともかく，ヤコービはこのような研究をふまえつつ，楕円関数の一般化であるアーベル関数の一例に到達しました．

ヤコービは6次多項式 $P(t)$ に対して二つの積分

$$(2.12) \quad u_1(z) = \int_0^z \frac{dt}{\sqrt{P(t)}}, \quad u_2(w) = \int_0^w \frac{tdt}{\sqrt{P(t)}}$$

を考えました．このままでは z と w はそれぞれ u_1 と u_2 の「4重周期の多価関数」でしかないのですが，

$$(2.13) \quad \sigma = u_1(z) + u_1(w), \quad \tau = u_2(z) + u_2(w)$$

とおくと，$z+w$ と zw が σ と τ について4重周期の一価関数になることをヤコービは突き止めました（1832年）[4]．これらはいわば二つの関数の多価性が対称化によって相殺し合って一価になっています．この構成を一般化して $2n$ 重周期の n 変数関数を作ることはあまり容易であるとはいえませんが，ヤコービは彼のテータ級数論をこれらの関数へと拡張することを提案しました．具体的には $z+w$ と zw についてどうかが当面の課題でした．これを**ヤコービの逆問題**といいます．数学史家たちはこれが提出された時点をもって多変数関数論の誕生としているようです．というのも，これをきっかけにして多変数の解析関数の零点や極の一般的な研究が緒に就いたからです．今日の数学者たちが了解しているヤコービの逆問題の解の要点は，ほぼ，「種数が g の閉リーマン面 X の g 重対称積と X のヤコービ多様体は双有理同値である」ということと，これをふまえた「テータ因子」の記述に尽きますが，これに深入りするのはやめましょう．

---

[4] 詳しくは［岩澤］などを参照．

さて，アーベル関数は楕円関数の多変数版なので，とくに C^n 上の有理型関数です．ただし多変数ですので有理型関数の定義は次のように定める必要があります．

> **定義 2.1** C^n の開集合 D に定義域が含まれる関数 f が D 上の有理型関数であるとは，任意の $a \in D$ に対して a の近傍 U と $g, h \in \mathcal{O}(U)$ $(h \not\equiv 0)$ が存在して，U 内で $f(z) = \dfrac{g(z)}{h(z)}$ （両辺の定義域も一致）となることをいう．

ヤコービの逆問題をもっとも広い意味で言うなら，楕円関数の理論を $2n$ 重周期を持つ C^n 上の有理型関数に対して一般化せよという問題と考えられ，そのためには (2.8) のような無限級数の多変数への拡張が有用であろうというわけです．これを考える上で最も注意すべき点は，楕円関数のときと違って，周期を勝手に与えて（非定数の）アーベル関数を作るわけにはいかないということです．2変数の場合にすでにそうで，ヤコービが $z+w$ と zw を見つけるにあたっては，z と w の周期の関係をよく見なければいけなかったはずです．

これらの関数に対する狭い意味のヤコービの逆問題はローゼンハイン (1816–87) とゲッペル (1812–47) によって解決されましたが，ワイアシュトラスが頭角を現したのもここでした．高校教師として週 30 時間の授業を持ちながら，ワイアシュトラスは彼らとは異なるより一般性を持った方法を発見し (1847)，数学界を驚かせたのです．ポアンカレの文章はその時の様子を次のように伝えています．

43

彼は，極めて突飛な条件の下に発表した処女論文に於て，この関数（アーベル関数）に対して攻撃の矛先を向けたのであります．彼が旧プロシアの高等学校の体操の教師であったことは人の知るところであります．この学校では，各教師が，順番に研究論文を草して「学報」の巻頭にそれを掲げることになっていました．ワイアシュトラスの順番が来たときに，皆の者は鉄棒や平行棒の効能についての議論が出ることを期待していたのでした．ところが，彼の貴重なアーベル関数に関する論文が出たので，それを読んだ一同の教師たちは，みんなあっけにとられてしまいました．校内の同僚の教師たちには，それのわかる人が一人もいなかったのですが，それをローゼンハイン Rosenhain の許へ送り届けると，彼はこの論文が甚だ価値のあるものであることを理解しました．こうして，その時まで誰にも知られなかったワイアシュトラスの天才が日の目を見るようになったのです．

　　　　　　　ポアンカレ著「科学者と詩人」(平林初之輔訳　岩波文庫）より

　より正確には，このときのワイアシュトラスの論文は巻頭ではなく付録であり，数学者たちの目には触れなかったようですが，1854年に専門誌に発表された論文はガウスの再来とも言われたディリクレ (1805-59) に高く評価され，高名な地理学者のフンボルト (1769-1859) やケーニヒスベルク大学でヤコービの後任であったリヒェロット (1808-75) の口添えで，ワイアシュトラスはベルリン工業学校に移ることができました (1856)．そして丁度その年クンマー (1810-93) がディリクレの後任としてベルリン大学に赴任して来，秋にはワイアシュトラスを準教授として呼び寄せました．まだ高校教師だった時，ワイアシュトラス

はリヒェロットの尽力で名誉博士号を授与されましたが，その祝賀パーティーの席でリヒェロットは，「私たちはワイアシュトラスさんが私たちすべての先生であることを知りました」(Wir alle haben in Herrn Weierstrass unsern Meister gefunden) と言いました．あんなに有難い言葉はなかったと，ワイアシュトラスは80才の記念パーティーで涙を浮かべて語ったそうです．

このように優れた数学者が体育の授業をしていたとは驚きですが，もちろんワイアシュトラスが専門のアスリートでもあったというわけではありません．ドイツの高校教師は複数の科目を受け持つことになっており，ワイアシュトラスは他の科目も教えていました．詳しい事情は他書[5]に譲りますが，ワイアシュトラスは最初父親の望んだ法律家の道を進むためボン大学に入学したものの，数学の勉強をやめることができず，結局進路を変更してミュンスター大学で高校の教員資格を取り，逆境に耐えながら研究に邁進してきたというわけです．余談ながら，2013年に双子素数の問題で成果を挙げて[6]話題になった張益唐 (Zhang Yitang, 1955-) 氏の経歴も，型破りという点でワイアシュトラスに匹敵するものがあります．北京大学を出てアメリカに渡った張氏の場合は，学位を取得後ヤコビアン予想という難問[7]（ヤコービの逆

---

[5] 「大数学者」（小堀憲著　ちくま学芸文庫）など

[6] 間隔が7000万を越えない素数の対が無限個存在する．

[7] C^n から C^n への多項式写像 $\varphi(z)=(f_1(z),\cdots,f_n(z))$ のヤコビアン ($\left(\dfrac{\partial f_j(z)}{\partial z_k}\right)$ の行列式）が零点を持たなければ，$\varphi(z)$ は逆写像を持つ．代数幾何で有名なアビヤンカー (1930-2012) や岡の孫弟子にあたる鈴木昌和 (1947-) の研究が知られている．

問題とは無関係）の解決を目指しましたが，成果が得られぬまま大学の外で職を転々とし，やっとありつけた非研究員の職にあって，多くの授業負担に耐えながら新たなテーマで研究を稔らせたのでした．ワイアシュトラスや張氏は最終的には成功を勝ち取ることができたわけですが，このような例はまれであり，優秀な人材が埋もれたまま芽を出せずに終わることも多いのだと思います．ちなみに，英語で「型破り」を意味する「unconventional」はシェールガスなどの新種のエネルギー源を指す時にも用いられ，「非在来型」とも訳されます．

閑話休題．アーベル関数の話に戻りますと，1857 年，ワイアシュトラスの研究を凌ぐ素晴らしい仕事が現れました．それはリーマンの論文です．リーマンはすでに 1851 年の学位論文で，次のような述べかたで関数論の新しい研究方針を打ち出しています．

> いままでに存在したこれらの関数を研究する方法は，与えられた変数の値に対応する値が計算可能となるような公式による関数の定義に基づいていた．われわれの研究では，複素関数に内在する性質によって，定義におけるいくつかのデータが残りのデータから得られることを示し，いかにしてデータの数を減らし，どうしても必要なものに帰着しうるかどうかを明らかにする． リーマン全集 p. 70．藤本坦孝訳（[KY] に所収）

リーマンが言うように，アーベル，ヤコービ，ワイアシュトラスと展開してきた研究は，素性のはっきりした (2.1) のような式を，丹念に，詳しく調べながら公式を積み上げることにより達成されたものでしたが，リーマンは「アーベル関数論」において取った次の視点はまったく前例の無いものでした．

超越的なものの研究に対する基礎として，まず最初に，それを決定するために必要で互いに独立な十分条件の体系を確立しなければならない．この目的は，多くの場合に達成されうる．特に代数関数の積分やその逆関数の研究においては，ディリクレがラプラスの方程式を満たす3変数の関数に対しこの問題を解くために，距離の2乗に逆比例して働く力に対する，数年間にわたる彼の講義の中で応用した原理を使って達成することができた．
　　　　　　　　　　　　　　　　リーマン全集　p. 129（同上）

　この視点は，一般化されたヤコービの逆問題に決定的な進展をもたらしました．実際，リーマンは幾何学的な考察によって代数関数の積分のみたすべき基本的な関係式を導き出したのですが，これによりテータ関数の多変数版が極めて自然な形で導入されました（リーマンのテータ関数）．この論文を見てワイアシュトラスは発表予定の論文を取り下げましたが，その一方，リーマンをベルリンに招待してアーベル関数について夜を徹して語り合ったと言われます．
　ところが1870年になって，リーマンが40才の若さで没した後ですが，ワイアシュトラスはこのリーマンの論法に重大な論理的欠陥があることを指摘しました．それはリーマンが上のように述べてディリクレに帰した原理で，ある積分を最小にする関数の存在を主張するものでした．この原理を用いたリーマンの議論の弱点を，ワイアシュトラスは簡単な反例によって鋭く指摘したのです．この欠陥を補ってディリクレの原理を厳密な理論の枠に収めることに成功したのはヒルベルト（1862-1943）でしたが，それはワイアシュトラスが世を去った後のことでした（1901）．したがって，ワイアシュトラスが愛弟子のシュワルツ（1843-1921）

宛の手紙で以下の見解を述べたのは至極尤もです．

> 私は，関数論の諸原理を考究すればする程——そして私は絶えずそのことをして来たのですが——益々，これ等の諸原理は代数学的真理の基礎の上に立っていること，従って，若し，逆に，代数学の簡単な基本的な定理を立証するために超限[8]の助けを借りようとするならば，それは真の方法ではないことをかたく確信するように至ったのであります．そして，リーマンが，それによって代数学的関数の幾多の重要な性質を発見した諸考察が，一見如何に深遠な議論のように見えても，このことは依然として真であります． 科学者と詩人（前）より

これに続けて「そこでシュワルツは恩師ワイアシュトラスの衣鉢を継いで」とでも話は進みそうな所ですが，実際にはそうなりませんでした．岡の連接性定理に至る道はすぐそこにあったのですが，そこへと進む動機がまだ熟していなかったのです．シュワルツはワイアシュトラスとクンマーに説得されて化学から数学に転向した人で，残した仕事から見ると幾何学の天分に恵まれていたようです．高木貞治はベルリンに留学した頃（1901）を回顧して，シュワルツの講義はワイアシュトラスの直伝の数学で，「ワイアシュトラス先生はこう仰っていた」の繰り返しだったと書いていますが[9]，シュワルツのために弁じるなら，ワイアシュトラス全集（未完）の出版には1894年から1915年までかかったのでし

---

[8] Transzendente：超越的対象．直接感覚できない実在（哲学用語）から転じて，数学では極限操作などにより代数的演算の範囲を越えて導入された量や概念をさす．

[9] 近世数学史談（岩波文庫）

た．ちなみにワイアシュトラスはヤコービの全集を編纂しました．

さて，ワイアシュトラス全集の第二巻に収められている論文「多変数解析関数論に関連する二三の定理」(1879) の第一ページを見ると，最初の節が「予備定理」(Vorbereitungssatz) と題されているのが目に留まります．脚注を見ると，「自分はこの定理を1860 年以来，繰り返し講義で述べて来た」とあります．これこそが岡の連接性定理につながるもので，多変数解析関数の局所理論における最も基本的な定理です．次にそれをご紹介しましょう．

2. ワイアシュトラスの予備定理と割算定理

ワイアシュトラスの予備定理を原論文に従って書くと次の通りです．

> **定理 2.1** $F(z_1, z_2, \cdots, z_n)$ を原点 $(0, 0, \cdots, 0)$ の近傍で正則な関数とし，$F(0, 0, \cdots, 0) = 0$ かつ $F_0(z_1) := F(z_1, 0, \cdots, 0) \not\equiv 0$ であるとする．このとき p を $F_0(z_1) = z_1^p G(z_1)$, $G(0) \neq 0$ をみたす整数とすれば，
>
> $\quad z_1^p + a_1 z_1^{p-1} + \cdots + a_p$ （ただし a_k は $(z_2, \cdots, z_n)$ のみの正則関数で $a_k(0, 0, \cdots, 0) = 0$ をみたすもの）
>
> の形をした関数 $f(z_1; z_2, \cdots, z_n)$ および原点の近傍で正則で零点を持たない関数 $g(z_1, z_2, \cdots, z_n)$ があって，原点の近傍で $F = f \cdot g$ が成り立つ．

$z' = (z_2, \cdots, z_n)$ とおき，一般に z' の正則関数で原点で 0 に

なるものを係数とする z_1 の多項式を考え，そのうち最高次の係数が 1 であるものを**ワイアシュトラス多項式**と呼びます．ワイアシュトラス多項式を z_1 に関して一次因子の積と見ると，それらの定数項は $z' \to 0$ のとき 0 に収束します．定理 2.1 の証明を一口で言うなら，「$F(z) = 0$ を z について解けば z' に関する多価正則関数が得られるので，その p 個の値の基本対称式から根と係数の関係で $f(z_1; z')$ の係数が決まる」となりますが，係数 a_k の正則性がはっきり見えるようにすることも含めて，この内容をもう少し詳しく説明したいと思います．まずは簡単な注意からです．

定理 2.2 ワイアシュトラス多項式 f は F に対して一意的に決まる．

証明 C^{n-1} の原点の十分小さな近傍内の z' に対し

(2.10) $\quad f(z_1; z') = 0 \Longleftrightarrow F(z_1, z') = 0$

(2.11) $\quad f(z_1; z') = (z_1 + s_1)(z_1 + s_2) \cdots (z_1 + s_p)$

(2.12) $\quad s_1 + s_2 + \cdots + s_p = a_1(z')$

$\qquad s_1 s_2 + \cdots + s_{p-1} s_p = a_2(z')$

$\qquad \cdots\cdots\cdots$

$\qquad s_1 s_2 \cdots s_p = a_p(z').$

(2.11) をみたす $s_1, s_2, \cdots, s_p$ は順序の入れ替えを除いて F と z' によって一意的に決まるから，(2.12) より $a_1(z'), \cdots, a_p(z')$ についてもそうである． $\square$

例 2.1　$F(z,w)=\sin^2 z-\sin^2 w$ のとき $f(z;w)=z^2-w^2$.
また,
$$g(z,w)=\frac{\sin(z-w)}{z-w}\cdot\frac{\cos z+\cos w}{1+\cos(z-w)}$$
$$(z=w\text{ のとき }=\cos z).$$

定理 2.1 の証明のためには $s_1+s_2+\cdots+s_p$, $s_1s_2+\cdots+s_{p-1}s_p$, $\cdots$, $s_1s_2\cdots s_p$ がすべて, 原点のまわりで z' の正則関数になることが言えればよいわけですが, そのためには留数定理 (第一章定理 1.7) が使えます.

定理 2.1 の証明（スケッチ）　$z_1^m\dfrac{\left(\frac{\partial F}{\partial z_1}\right)}{F}$ を変数 z_1 の関数と見て, z' を止めて留数定理を用いれば, ある正の数 ε と $\boldsymbol{C}^{n-1}$ の原点の近傍 V があって, 任意の $z'\in V$ に対して

$s_1^m+s_2^m+\cdots+s_p^m$
$$=\frac{1}{2\pi i}\int_{|z_1|=\varepsilon}\left(z_1^m\left(\frac{\frac{\partial F}{\partial z_1}}{F}\right)\right)dz_1\quad(m=0,1,\cdots).^{10}$$

よってベキ和 $s(m)=s_1^m+s_2^m+\cdots+s_p^m$ はすべて z' に関して正則である. 一方, ニュートンの恒等式
$$(2.13)\quad s(m)=a_1s(m-1)-a_2s(m-2)+\cdots+(-1)^{m-1}ma_m$$
$$(1<m\leqq p)$$
より, $a_1,\cdots,a_p$ は $s(1),\cdots,s(p)$ の多項式である. よって a_k は正則である.　□

10　$\displaystyle\int_{|z_1|=\varepsilon}=\int_{\partial B(0,\varepsilon)}$

このようにして，正則関数の零点集合は，局所的には一つの変数について多項式の形をした関数で定義されることがわかります．ではベクトル値の正則関数の零点集合についてはどうでしょうか．その答は岡の連接性定理をふまえた岡・カルタン理論にありますが，これについては第六章で述べます．
　ちなみに，ワイアシュトラスの原論文の証明ではコーシーの積分公式は使われていません．ワイアシュトラスにとって，解析関数とは場所に依存するベキ級数表示を持つ関数のことでしたから，積分公式の使用さえも「超限の助けを借りる」ことになるわけです．今日の目で見れば石橋を叩いて渡らない慎重さですが (cf. [C])，何しろコーシー・グルサの定理 (第一章定理1.3) が確立される以前のことなので，それも宜なるかなと言った所です．いずれにせよ，アーベル関数の理論を完全にするためには，与えられた周期を持つアーベル関数を作るだけでなく，任意のアーベル関数が一定の方法で作れるかどうかを吟味する必要があります．リーマンやコーシーの方法を避けたワイアシュトラスにとって，予備定理は，関数の基本的構成要素を，特にアーベル関数のそれを，ベキ級数の比として見据えるための最重要の一歩だったように思います．一致の定理により有理型関数は一点のまわりのデータから決まってしまうことからも，予備定理の重要性は明白でしょう．
　さて，ワイアシュトラスはここから解析関数の因数分解の法則の研究へと進みました．これをクライン (1849-1925) はこう評しています．

　　ワイアシュトラスは数学の独立した分科としての数論に対

して明らかに無関心であったにもかかわらず，単数を含めて一意に決まる素因数分解の定理をいつも念頭においていた．彼は関数論の理想としてこれに類似した定理をつくることを思いついたのである．

「クライン：19世紀の数学」(石井省吾・渡辺弘訳，共立出版) より

ワイアシュトラスのこの研究が連接性定理の原型ですので，これについて詳しく述べましょう．

$c \in \boldsymbol{C}^n, \varphi, \psi \in \mathcal{O}_c$ に対し，$\mathcal{O}_c$ の元 η, ξ, ω で $\eta(c) = 0$ かつ $\varphi = \eta\chi, \psi = \eta\omega$ をみたすものが**存在しない**とき，φ と ψ は**互いに素**であるといいます．

定理 2.3 $\boldsymbol{C}^n$ の領域 D と $\mathcal{O}(D)$ の元 f, g に対し，D 内の一点 c において f_c と g_c が互いに素ならば，c のある近傍内の任意の点 d において f_d と g_d は互いに素である．

この種の考察を，ワイアシュトラスはアーベル関数を作るために必要としました．たとえば，n 変数のアーベル関数 $h(z)$ に対して，$\boldsymbol{C}^n$ 上の正則関数 $f(z), g(z)$ を適当に選んで $h(z) = \dfrac{f(z)}{g(z)}$ かつ f_c と g_c がすべての c に対して互いに素であるようにできますが (証明には予備定理が必要)，このような f, g から生ずるアーベル関数のうち，例えば $\dfrac{f(z+q)f(z-q)}{f(z)^2}$ $(q \in \boldsymbol{C}^n)$ という形をしたものを調べる必要があったからです．(そのときには $f(z)$ と $f(z+q)$ が互いに素になるかどうかが問題になりますが．)

定理 2.3 を示すためには，f_c と g_c が互いに素であるという条件を代数的に扱いやすい形で言い換える必要があり，そのためには定理 2.1 を少々一般化して使いやすくする必要があります．定理 2.3 の証明は次節で連接性定理の前で行うことにし，ここでは定理 2.1 のこの一般化について述べましょう．

前のように $z = (z_1, z')$ と書き，${}_n\mathcal{O} = \mathbf{C}\{z\}$, ${}_n\mathcal{O}' = \mathbf{C}\{z'\}$ とおきます．${}_n\mathcal{O}'$ を係数とする z_1 の多項式全体のなす環を ${}_n\mathcal{O}'[z_1]$ で表し，${}_n\mathcal{O}'[z_1]$ の元 h の z_1 に関する次数を $\deg_{z_1} h$ で表します．また，以下では原点を単に 0 で表します．

定理 2.4（ワイアシュトラスの割算定理）
$F \in {}_n\mathcal{O}$, $F(z_1, 0) = z_1^p \cdot G$, $G(0) \neq 0$ とする．このとき任意の $g \in {}_n\mathcal{O}$ に対して $q \in {}_n\mathcal{O}$, $h \in {}_n\mathcal{O}'[z_1]$ があって，$\deg_{z_1} h \leq p - 1$ かつ $g = qF + h$ が成り立つ．

証明 定理 2.1 より，F がワイアシュトラス多項式の場合に示せば十分．

$$(2.14) \quad q(z_1, z') = \frac{1}{2\pi i} \int_{|\zeta - z_1| = \varepsilon} \frac{g(\zeta, z') d\zeta}{F(\zeta, z')(\zeta - z_1)}$$

とおく．ただし $\varepsilon (>0)$ は十分小で $\|z'\|$ は ε に応じて十分小．すると q は原点のまわりで正則．同様に

$$(2.15)$$
$$h(z_1, z') = \frac{1}{2\pi i} \int_{|\zeta - z_1| = \varepsilon} \frac{F(\zeta, z') - F(z_1, z')}{\zeta - z_1} \frac{g(\zeta, z') d\zeta}{F(\zeta, z')}$$

とおくと $h \in {}_n\mathcal{O}'[z_1]$ であり，$\deg_{z_1} h \leq p-1$ かつ $g = qF + h$．
□

予備定理のこのような一般化を初めて示したのはシュティッケルベルガー (1850-1936) ですが，1887 年の論文に補助定理として述べられたためか，長く気付かれずにいました．ちなみに，シュティッケルベルガーはワイアシュトラスの指導で学位を取ったので，いわばシュワルツの弟弟子にあたります．この人の本領は整数論にあったようで，ガウスの円分理論を深めた結果[11]に名前を残しています．

　割算定理を使うと，$C\{z\}$ の 0 以外の任意の元は**既約元**の積に分解することがわかります．ただし既約というのは乗法に関する逆元を持たない二つの元の積として表せないことをいいます．既約元は一般にはいわゆる素元[12]とは異なりますが，$C\{z\}$ の場合には素元は逆元を持たない既約元と同じことです．つまり $C\{z\}$ においては素元への分解は可能であり，逆元を持つ元のかけ算を除いて一意的です．この性質を持つ環を **UFD** (unique factorization domain，素元分解整域) と言います．

　シュティッケルベルガーは定理 2.4 の応用として，二変数の有理関数の合同式に関するネーター (1844-1921) の定理に別証明を与えています．これも岡理論に近い話なので記しておきたいと思います．

---

[11] 岩波数学辞典 (第 4 版) の「岩澤理論」の項を参照．
[12] 可換環 R の元 p が素元 $\Leftrightarrow p$ が可逆でなく ab の因子なら a または b の因子になる．

> **定理 2.5** 二変数の有理関数 Φ, Ψ, f があり，f は局所的に正則関数を係数とする Φ と Ψ の一次結合 $\chi\Phi + \eta\Psi$ の形で書けているとする．このとき多項式 P, Q が存在して $f = P\Phi + Q\Psi$ となる．

この定理の延長上に正則関数のイデアルの生成元の問題があります．一般に，可換環 R の部分集合で R の元を係数とする一次結合で閉じたものをイデアルと言います．つまり，記号 $R \cdot I$ で $\{\sum f_j a_j \text{ (有限和)}; f_j \in R, a_j \in I\}$ を表すことにすれば，R の部分集合 I について「I がイデアルである $\Leftrightarrow R \cdot I = I$」となります．ラスカー (1868–1941) は $_n\mathcal{O}$ の環としての基本的な性質を次のようにまとめました．

> **定理 2.6（ラスカーの定理）** $_n\mathcal{O}$ は UFD であり，$_n\mathcal{O}$ の任意のイデアルは有限生成[13] である．

系 2.1 $_n\mathcal{O}'[z_1]$ は UFD である．

余談ながら，ラスカーは数学者としてはこの仕事のみで知られていますが，チェスのプレーヤーとしては超一流で，1894–1921 の 27 年間世界チャンピオンとして君臨し，多くの戦術書を著しました．余談のついでに，岡は将棋と囲碁が大好きでした．

---

[13] I が有限生成 $\Leftrightarrow I$ の有限個の元 $a_1, \cdots, a_m$ があって
$$I = \{\sum f_j a_j; f_j \in R\}$$

さて，割算定理のもう一つの重要な応用として，正則関数の零点集合に対する局所極小定義関数の存在があります．

> **定義 2.2** D は C^n の領域で，$F \in \mathcal{O}(D) - \{0\}$, $X = F^{-1}(0)$, $c \in D$ とする．c における X の局所極小定義関数とは，c のある近傍 U 上の正則関数 φ で，U 内の任意の点 d に対し，$\mathcal{O}_d$ の元で X 上で 0 になるものが φ_d で割れるものをいう．

実際，適当な座標に関して F のワイアシュトラス多項式をとり，ラスカーの定理の系により定まる既約因子すべての積を φ とすればよいわけです．

ともかくここまで来れば連接性定理は目と鼻の先ですが，ワイアシュトラス一派に別れを告げる前に，「予備定理外伝」とも言えそうなエピソードをご紹介したいと思います．これは解析空間の特異点の還元理論で有名な広中平祐（1931- ）先生の「失敗談」ですが，教訓に富んでいて筆者が最も好きな話の一つです．これはアルティンの近似定理の名で知られる次の結果に関するものです．

> **定理 2.7** 変数 $z = (z_1, \cdots, z_n)$, $w = (w_1, \cdots, w_m)$ に関する多項式 $f_1(z, w), \cdots, f_k(z, w)$ があり，z に関するベキ級数を成分とするベクトル $\hat{w} = (\hat{w}_1(z), \hat{w}_2(z), \cdots, \hat{w}_m(z))$ があって $f_1(z, \hat{w}) = 0, \cdots, f_k(z, \hat{w}) = 0$ が成立したとする．このとき任意の自然数 c に対し，成分がすべて z の代数関数[14]であるようなベクトル $w(z)$ を選び，$f_1(z, w(z)), \cdots, f_k(z, w(z))$ の 0 での位数が c 以上になるようにできる．

---

[14] グラフが局所的に多項式の零点集合であるような（一価）関数．

広中先生はある時期，この結果の証明を主要な研究目標としていました．一変数と二変数の場合には非常にうまく行きましたが，それ以上に変数が増えると行き詰ってしまい，八方ふさがりになって諦めをつけはじめていました．そんなとき，同僚からの電話でアルティン（1934-　）がワイアシュトラスの予備定理を用いて証明に成功したことを知らされたのです．その驚愕の瞬間を，広中先生は次のように回想しています．

> 　僕はこのワイヤストラス（＝ワイアシュトラス）の定理という言葉を聞いただけで，二年間苦しんでいた問題の解決方法が，朝日が射し込むように頭に浮かび，霧がいちどきに晴れるように鮮やかに，全体像が展開していった．
>
> 　しかもこの「ワイヤストラスの定理」というのは，それまでに僕がいろいろの問題に使っていて，それぞれで成功をおさめていたものだ．僕にとっては，決して目新しい定理ではない．そんなに熟知していたものが，そのときの「近似の理論」とは結びつかなかった．
>
> 広中平祐著「可変思考」（光文社文庫）より

　広中先生はこの話を「挫折を経験しない者は強くなれない」と題した節で述べておられ，個人的経験からも筆者は大いに共感を覚えるのですが，ちょっと視点を変えると，「よくわかったつもりでも，実は全然わかっていないことの方が多い」という教訓も含まれているように思います．（「近似を誤差なく理解することは難しい」というダジャレも浮かぶところですが．）蛇足ながら，「転ばぬ先の杖」も挫折によって学び得る大切な知恵です．これも本当にそう思います．

3. 連接性定理

さて，岡の連接性定理ですが，これを一口に言うならベクトル値の正則関数の関係式は局所的に有限個の関係式の一次結合になるということです．ここで関数 $f_1, \cdots, f_m \in \mathcal{O}(D)$ が満たす関係式として考えるのは

(2.16) $\quad \varphi_1 f_1 + \varphi_2 f_2 + \cdots + \varphi_m f_m = 0 \quad (\varphi_j \in \mathcal{O}_c, c \in D)$

という形のものです．局所有限性はベクトル $(\varphi_1, \cdots, \varphi_m)$ の集合についてのものですが，定理 2.3 の証明にちょうどその特別な場合が現れますのでその議論をたどってみましょう．

定理 2.3 の証明 $_n\mathcal{O}$ が UFD であることから，f_c と g_c が互いに素であることは

(2.17) $\quad \{(\varphi, \psi) \in \mathcal{O}_c ; \varphi f_c + \psi g_c = 0\}$
$\qquad = \mathcal{O}_c \cdot (-g_c, f_c)(= \{(-u g_c, u f_c) ; u \in \mathcal{O}_c\})$

と同値．

d が c に十分近い時に f_d と g_d に対して同様の関係を示したい．そのためには，必要なら座標を適当に取り替えて f は $(z_1-c_1, z'-c')$ のワイアシュトラス多項式であるとし，g は f で割った余りに置き換えておくことにより，z_1 について多項式であると仮定して構わない．

この状況で

(2.18) $\qquad\qquad \xi f_d + \eta g_d = 0$

をみたす $\xi, \eta \in \mathcal{O}_d$ について考える．c に十分近い点 d に対しては $(z_1-d_1, z'-d')$ に関するワイアシュトラス多項式 $_d f$ があって $f_d = b \cdot {_d f} \ (b(d) \neq 0)$ となる．

η が ${}_df$ で割り切れることを示そう．η を ${}_df$ で割った余りを r_1 とし，g_d を ${}_df$ で割った余りを r_2 とおくと，(2.18) より $r_1 r_2$ は ${}_df$ で割り切れる．もし仮に $r_1 \neq 0$ であったとすると，r_2 は ${}_df$ の因子を含む（系 2.1）．すると g_d と ${}_df$ は共通因子を持つ．これは z_1 に関する多項式としてなので，g と f も共通因子を持つ．ところが f は $(z_1 - c_1,\ z' - c')$ のワイアシュトラス多項式であったからその因子は c で 0 になり，f_c と g_c が互いに素であったことに反する．

よって $\eta = {}_d f v$ $(v \in \mathcal{O}_d)$ だから，(2.18) より $\xi f_d = -\eta g_d = -{}_d f v g_d$ となり，$(\xi,\ \eta) = \left(-\left(\dfrac{v}{b}\right)g_d,\ \left(\dfrac{v}{b}\right)f_d\right)$ となる． □

岡理論では，領域 D 上に与えられた正則関数の組 $\boldsymbol{f} = (f_1, \cdots, f_m)$ に対して，それらが満たす関係式を，定義域を変えながらすべて考えます．つまり上の $(\varphi_1, \cdots, \varphi_m)$ だけでなく，D に含まれるすべての開集合 U に対して $\mathcal{O}(U)$ の元 $\psi_1, \cdots, \psi_m$ で同様の関係式すなわち

(2.19) $\qquad \psi_1 f_1 + \psi_2 f_2 + \cdots + \psi_m f_m = 0$

をみたすものを考えます．

このような関数の組 $(\psi_1, \cdots, \psi_m)$ の集合を $R(\boldsymbol{f},\ U)$ で表し[15]，(2.19) をみたす $(\varphi_1, \cdots, \varphi_m)$ の集合を $R(\boldsymbol{f},\ c)$ で表します．

これらのベクトル値関数とその芽なす集合の族 $\{R(\boldsymbol{f},\ U),\ R(\boldsymbol{f},\ c)\}$ について成立する次の命題が**岡の連接性定理**です．

---

[15] $R(\boldsymbol{f},\ U)$ の R は relation（関係）の頭文字

> **定理 2.8**（岡の連接性定理）
> 任意の点 $c \in D$ に対し，c の近傍 U と $R(\boldsymbol{f}, U)$ の元 $\psi_1, \cdots, \psi_r$ が存在し，U の任意の点 d に対して
> $$R(\boldsymbol{f}, d) = \mathcal{O}_d \cdot \psi_{1,d} + \cdots + \mathcal{O}_d \cdot \psi_{r,d}$$
> が成り立つ．

 $R(\boldsymbol{f}, c)$ は $R(\boldsymbol{f}, U)$ たちで決まってしまうので，定理 2.8 は関数系 $R(\boldsymbol{f}, U)$ についてのものと見なせます．このような性質は**局所有限性**と呼ばれます．

 岡潔はこの性質をもつ関数系のうち，特に**不定域イデアル**と名付けたものについて詳しく研究し，1948 年にそれを用いて重要な問題を解決した一編の論文を完成させました．その原稿は岡の友人の秋月康夫 (1902–84) の手を経て物理学者湯川秀樹[16] (1907–81) に託されてアメリカに渡り，そこから郵便でパリまで届けられ (1948 年)，1950 年にフランス数学会の雑誌に掲載されました．

 ちなみに，このときパリで岡の原稿を受け取って出版の世話をした H. カルタン (1904–2008) は，1944 年の論文で定理 2.7 を予想として述べていました．懸案の問題が解かれてしまったことはカルタンにとって一撃であったと思われますが，それに屈することなく，カルタンはここから層コホモロジー論を展開していきます．この話を第六章で詳しく述べたいと思います．

 さて，第一章でご紹介した高木宛の手紙が書かれた時には，

---

[16] 素粒子論（特に中間子論）で有名．1949 年に日本人初のノーベル賞を受賞．

すでに第七論文の本質的な部分は仕上がっていたようで，研究目標と研究経過がつぎのように述べられています．

> 研究目標： 研究ノ中心ハ合同オヨビイデアルニ関スル諸問題デアリマシタ．第七報告ノ冒頭デ申シマシタ様ニ，《イデアル，合同等ノ諸概念ヲ，有理整関数ノ分野カラ一般解析函数ノソレニ移シマスト，函数ハ，変数空間ノ一部分デハ存在シテモ，最早ヤ全体デハ存在シナクナリマスカラ，此處カラ当然，色々新シイ問題ガ出テ来ル筈デス．．．．》
>
> 研究経過：此ノ研究ハ，第一報告マデハ，(始メノ 4, 5 年ノ間ハ) 手掛カリガ全然見当タラナイタメニ苦シンダノデスガ，今度ハソレ反対ニ案ガ多ク立チスギルタメニ困リマシタ．前ニ申シマシタ十冊ノ研究記録ノ大部分ハ不可能ノ記録デス．．．．

ちなみに高木宛の報告には，岡がこの問題につられて他の新しい型の問題にも取り組んだことが書かれています．それは「内分岐スル有限領域ニ関スル局所的問題」で，後に大発展した解析空間論の走りです．このように，岡は他分野との相関図に見られる多変数関数論のアイディアの広がりと同時に，局所理論の深いミクロコスモスをも見ていたのです．

ともかく，連接性定理は岡理論の一つの到達点であったわけですが，次章では高木への便りの 15 年前に戻り，岡がここへ至る第一歩をどのようにして踏み出したかを見てみたいと思います．

―――――――――――●付 録●―――――――――

定理 2.8 の証明のスケッチ（広中先生の講義に基づく[17]）： 定理 2.3 の証明と同様，最初から f_1 は $(z_1-c_1, z'-c')$ のワイアシュトラス多項式であり，$f_2,\cdots,f_m$ は z_1 に関する多項式であって $\deg_{z_1} f_k < \deg_{z_1} f_1$ $(k \geq 2)$ であるとしてよい．

c の近傍 U を，任意の $b \in U$ に対し $f_1(z_1, b') \not\equiv 0$ であるように取り，

$$f_1(z_1, z') = q\hat{f} \quad (\text{ただし } \hat{f} \text{ は }(z_1-b_1, z'-b') \text{ の}$$
$$\text{ワイアシュトラス多項式で } q(b) \neq 0)$$

とおく．すると q も z_1 に関して多項式である．

$\eta \in R(f, b)$ に対し，自明な関係式である

$$P_k = (-f_k, 0, \cdots, \overset{k\,番目}{f_1}, 0, \cdots, 0)$$

の一次結合を η から引き去り，z_1 に関する多項式だけを残すことを考える．そのために η_k を $\hat{f}$ で割り

$$\eta_k = q_k \hat{f} + r_k, \quad \deg_{z_1} r_k < \deg_{z_1} \hat{f} \quad (2 \leq k \leq m)$$

とおく．すると $\eta_k = \left(\dfrac{q_k}{q}\right) f_1 + r_k$ だから

$$\eta = \left(\eta_1 + \sum_{k=2}^{m}\left(\frac{q_k}{q}\right)f_k,\ r_2, \cdots, r_m\right) + \sum_{k=2}^{m}\left(\frac{q_k}{q}\right)P_k$$

となり，右辺第一項を r とおけば $r_1 f_1 = -r_2 f_2 - \cdots - r_m f_m$ となる．

この関係式を用いて qr の成分の z_1 に関する次数を評価すれば，それらが $\deg_{z_1} f_1 - 1$ を越えないことがわかる．

よって変数の個数に関する帰納法により結論が得られる． □

―――――――――――――――――――
[17] 詳細は［広中・卜部］を参照．

第三章
上空移行の原理

1. 第一論文と上空移行

　前章では完成した岡理論の一端を，ワイアシュトラスの予備定理の一般化という側面から眺めてみました．これに続けて，連接性定理の一般化や，それに基礎づけられた多変数関数論の展開について語るべきことは多々あります．しかしひとまずは，そのための準備としてでもありますが，岡理論の生い立ちに帰って第一論文とその背景を見ておきたいと思います．

　第一論文で岡は非常に独創的な視点を多変数関数論に持ち込みました．これだけでまとまった理論ができたわけではないのですが，ここで発見された命題が一つの核となって岡理論が成長して行きました．その結実が第七論文であり，さらに集大成ともいうべき第九論文です．つまりここには以後の岡の仕事の基調をなすアイディアが含まれているのです．それはいわば多変数を多々変数に帰着させる（毒をもって毒を制す？）という一見突飛な考えで，岡は**上空移行の原理**と呼んだのですが，論文の冒頭では次のように説明されています．

　　　複素多変数解析関数論の最近の進歩にもかかわらず，様々な重要事項が程度の相違はあれ未解明のまま残されている，特に：ルンゲの定理や P. クザン氏の定理が成り立つ領域のタイプ，そして F. ハルトークス氏の凸性と H. カルタ

ン・P.トゥレン両氏の凸性の関係；互いに緊密に関係する状態においてである．この論文およびその続編の目的は，これらの問題を論じることである．

　さて，私は気付いたのだが，これ等の問題の困難さを，当の空間の次元を適当に上げてやることにより，ときに減少させることができる．この論文ではこの一般的なアイディアを一つの特別な場合に実現して，一口で言うなら，表題の領域（＝有理関数系に関して凸な領域[1]）を高次元の多重円板へと帰着させる原理を示すであろう．（その具体的な形については第一節の問題Iを見よ．）

後年，岡は講義やセミナーで上空移行の原理を説明するとき，よく三次方程式の解法を例にあげたそうです．確かに，いわゆるカルダノの公式のよく知られた導出法においては未知数の個数を一旦1個から2個に増やして方程式を書き換えるということをしますから，上空移行と言えないこともありません[2]．いずれにせよ，問題を次元の高い空間に持ち込んで単純化しようというアイディアを説明する意味ではよい譬えです．以下では岡がどのようにして独自の視点を獲得していったかを，背景をなす古典的理論にふれながらたどってみましょう．

---

[1] この括弧内は訳注
[2] 三次方程式 $x^3 - px + q = 0$ を，$x = u + v$ とおいて u, v を未知数とする連立方程式に帰着させる．

2. 古典論と問題 I

　第二章で見たように，ワイアシュトラスの予備定理に基づいて関数を局所的に分解する理論を，岡は第七論文でさらに拡げてユークリッドの互除法に似た連接性定理に到達しました．これとは対照的に，岡は第一論文において，ユークリッド幾何の原理を多変数関数論に持ち込んだように思えます．この原理とは平面幾何の第一公準（または公理）のことで，2 点を通る直線がただ 1 本引けるという命題です．何を今さらと思われるかもしれませんが，数学の価値が経験的事実を普遍的真理へと拡げる手段の提供にあるとすれば，ここにこそその最初の偉大な足跡があります．これを上空移行に結びつけるため，いわゆる補間問題の枠組みで命題を一般化してみましょう．補間問題とは，おおまかには局所的な情報から大域的な構造を取り出す問題で，具体的には関数の定義域を拡げる問題になります．もちろんこれは関数のクラスを限定してはじめて意味をなす問題で，限定の仕方によって補間問題は様々な形をとりえます．この枠組みでユークリッドから岡までの道筋をたどってみましょう．

　まずユークリッドの公準を，「R 内の 2 点で任意の値を与えて，次数が高々 1 の多項式を作ることができる」と言い換えてみます．するとこれはすぐに，「C 内の $(k+1)$ 個の点で任意に値を与えて，次数が高々 k の多項式が作れる」という風に一般化できます．これが正しいことを保証するラグランジュの補間公式

$$(3.1) \quad F(z) = \sum_j \frac{a_j g(z)}{g'(c_j)(z-c_j)} \implies F(c_j) = a_j$$

（ただし $g(z) = \prod (z-c_j)$）を思い出しておきましょう．これを

もう一歩深めて，極限操作を許して一般化しますと，解析関数に対する補間問題の解が得られます．まず C 上でこれを述べましょう．そのためには**ワイアシュトラスの乗積定理**と**ミッタク・レフラー**[3]**の定理**が必要です．

> **定理 3.1** (ワイアシュトラスの乗積定理)
> $z(\nu)$ $(\nu = 1, 2, \cdots)$ は 0 でない複素数の列で，それらの絶対値は無限大に発散するとする．このとき適当な自然数の列 $k(\nu)$ に対して無限積
> $$(3.2) \quad \prod_{\nu} \left(1 - \frac{z}{z(\nu)}\right) \exp\left(\frac{z}{z(\nu)} + \frac{z^2}{2z(\nu)^2} + \cdots + \frac{z^{k(\nu)}}{k(\nu) z(\nu)^{k(\nu)}}\right)$$
> (ただし $\exp z = e^z$) は局所的に収束する．

略証 $-\log(1-z)$ のテイラー・マクローリン級数が $a + \frac{z^2}{2} + \frac{z^3}{3} + \cdots$ であり，これが $|z| < 1$ で収束することから明白．

系 $\mathcal{O}(C) - \{0\}$ の任意の元 $f(z)$ に対し，$\mathcal{O}(C)$ の元 $g(z)$，非負整数 λ，$C - \{0\}$ の部分集合 Γ，および N^{Γ} [4] の元 k, μ が存在して

$$(3.3) \quad f(z) = e^{g(z)} z^{\lambda} \prod_{c \in \Gamma} \left(1 - \frac{z}{c}\right)^{\mu(c)}$$
$$\exp \mu(c) \left(\frac{z}{c} + \frac{z^2}{2c^2} + \cdots + \frac{z^{k(c)}}{k(c) c^{k(c)}}\right)$$

---

[3] Gösta Mittag-Leffler (1846-1927) ワイアシュトラスの講義を受けたスウェーデンの数学者．Acta Mathematica 誌を創刊．
[4] Γ から N (= 自然数の集合) への写像の集合．一般にも集合 A から集合 B への写像全体を B^A で表す．

が成り立つ．($\Gamma = f^{-1}(0)$．$\mu(c)$ は c における f の零点の位数．)

この一般的な展開式は，三角関数の無限乗積展開としてオイラーが発見した公式

(3.4) $\quad \sin \pi x = \pi x(1-x^2)\left(1 - \dfrac{x^2}{4}\right)\left(1 - \dfrac{x^2}{9}\right) \cdots \left(1 - \dfrac{x^2}{n^2}\right) \cdots$

が下敷きになっています．オイラーは (3.4) によって無限和の公式 (2.5) を確立し，同時に素数分布の法則を解明する端緒をつかんだのでした．(3.3) を $f(z) = \sin \pi z$ の場合にそのまま当てはめれば

(3.5) $\sin \pi z = \pi z \prod \left(1 - \dfrac{z}{n}\right) \exp \dfrac{z}{n}$ (n は 0 以外の整数を動く)

となりますが，これを整理すれば (3.4) が得られます．

定理 3.1 を用いると，三角関数に限らずすべての有理型関数が二つの正則関数の比に分解できることが示せます．

> **定理 3.2**　複素平面上の任意の有理型関数 $f(z)$ に対し，互いに共通零点を持たない正則関数 $p(z)$, $q(z)$ が存在して $f(z) = \dfrac{p(z)}{q(z)}$ となる．

証明　f の零点と極に応じ，$z(\nu)$ が位数回繰り返し現れるようにして無限積 (3.2) を収束するように作ると，それらの比と f の比は零点を持たない正則関数になる．

例（ワイアシュトラスの $\wp$ 関数）

(3.6) $\qquad \wp(z) = \dfrac{1}{z^2} + \sum \left\{ \dfrac{1}{(z-\omega)^2} - \dfrac{1}{\omega^2} \right\}$

で定義される有理型関数をワイアシュトラスの $\wp$（ペー）関数といいます．ただし，複素平面を互いに合同な平行四辺形により原点に関して対称にタイル張りし，ω は原点以外のタイルの頂点をすべて動くとします．（$\wp(z)$ はタイル張りごとに決まる関数です．）$\wp(z)$ はタイルの頂点で極を持ち，これらを周期とする楕円関数になります．$\wp(z)$ は $\cot z = \frac{\cos z}{\sin z}$ に似た分解を持ちます．実際，無限積

$$(3.7) \qquad \sigma(z) = z \prod \left(1 - \frac{z}{\omega}\right) \exp\left(\frac{z}{\omega} + \frac{z^2}{2\omega^2}\right)$$

を用いると等式 $\wp(z) = -(\log \sigma(z))''$ が得られ，これを整理すれば $\wp(z)$ を正則関数の比に分解する式が得られます．このような分解には（楕円関数の場合には特に）個別に深い意味があり得ますが，一般的な分解定理がそれらの基礎として重要であることはいうまでもないでしょう．

さて，この分解定理を基礎づける正則関数の性質を振り返ってみますと，一変数の場合，0 でない有理型関数の零点や極の集合が次のような点しか含まないことが重要です（一致の定理）．

定義 3.1 C^n の開集合 D の部分集合 Γ に対し，Γ の点 c が**孤立点**（isolated point）であるとは，$c \in ((D - \Gamma) \cup \{c\})^\circ$ であることをいう．

上で Γ が孤立点しか含まず，かつ D の閉集合であるとき，Γ は（D の）**離散集合**（discrete set）であるといいます．定理 3.1 の要点は「C 内の離散集合に沿って零点を任意に与えて正則関数が作れる」ということです．同様に，極を与えて有理型関数を作ることもできます．

> **定理 3.3**（ミッタク・レフラーの定理） C の任意の離散集合 Γ と任意の多項式族 $P_c(z)$ ($c \in \Gamma$) に対し，多項式族 $Q_c(z)$ を適当に選んで級数
> $$\sum_{c \in \Gamma} (P_c((z-c)^{-1}) + Q_c(z)) \tag{3.8}$$
> が局所的に収束するようにできる．

ただし収束は極を持つ（高々有限個の）項を除いて考えます．(3.8) は $\wp$ 関数の定義式 (3.6) の右辺の一般化ですが，C 上の任意の有理型関数が (3.8) の形で表せることも定理 3.3 からすぐわかります．ちなみに $\pi \cot \pi z$ をこのような形で表すと

$$\pi \cot \pi z = \frac{1}{z} + \sum \left\{ \frac{1}{z-m} - \frac{1}{m} \right\} \tag{3.9}$$

となります，ただし右辺の m は 0 でない整数を動きます．定理 3.3 を定理 3.1 と組合わせると一つの補間定理が得られます．

> **定理 3.4**（補間定理） C 内の離散集合 Γ に対し，制限写像
> $$\begin{array}{ccc} \mathcal{O}(C) & \longrightarrow & C^\Gamma \\ \cup & & \cup \\ f & \longrightarrow & f|\Gamma \end{array}$$
> は全射[5]である．ただし $f|\Gamma$ は f の定義域を Γ に限ったものを表す．

証明 定理 3.1 により $\mathcal{O}(C)$ の元 $g(z)$ があって，$g^{-1}(0) = \Gamma$ か

---

[5] $\varphi : A \to B$ が全射 $\iff \varphi(A) = B$.

つ $g'|\varGamma$ は零点を持たない．$C^\varGamma$ の任意の元 β に対し，$P_c(z) = \beta(c)\dfrac{z}{g'(c)}$ に対して定理 3.3 を適用し級数 (3.8) が表す有理型関数を $h(z)$ とおくと $gh \in \mathcal{O}(C)$ であり，かつ $(gh)(c) = \beta(c)$ となる． □

この証明の gh のように，(3.2) と (3.8) を組み合わせて補間問題を解いた形の式は，$\varGamma$ に応じて種々の意味を持ちえますが，そのうちホイッタカー (1873–1956) が発見したものはラグランジュの補間公式の無限級数版にもなっており，20 世紀後半に発達した情報理論の基礎にもなりました[6]．このように，ユークリッドの原論に抽象化されて一般的になった注釈をつけることにより，数学の実用面の可能性も広がります．

さて，定理 3.4 を多変数へと一般化したものの特殊型が，第一論文の問題 I にあたります．それを述べるため，まず C^n 上の有理関数 R_j を成分とするベクトル $\mathcal{R} = (R_1, \cdots, R_m)$ に対し，$\mathcal{R}$ のグラフを多重円板 D^n 上で考えたものを $\varGamma$ とします．つまり $\varGamma = \{(z, \mathcal{R}(z)); z \in D^n\}$ とおきます．そしてその部分集合である $\varSigma = \varGamma \cap D^{m+n}$ に対して

$$\varDelta = \{z \in D^n; \mathcal{R}(z) \in D^m\}$$
$$\mathcal{O}(\varSigma) = \{f \in C^\varGamma; f(z, \mathcal{R}(z)) \in \mathcal{O}(\varDelta)\}$$

とおくとき，制限写像 $\mathcal{O}(D^{m+n}) \longrightarrow \mathcal{O}(\varSigma)$ が全射になるかどうかが問題です．$\varSigma$ が離散集合ではない点に定理 3.4 からの飛躍があります．開集合 $\varDelta$ 上の「ルンゲの定理や P. クザン氏の定

---

[6] 例えば [大沢 -3, 第 4 章] など．

理」と関連づけてこのような形の補間問題を考えたところに岡の工夫があったのでしたが,ヒントになったのは定理3.3を2変数の場合に拡張したカルタンの論文[7]だったと言われます.

ではここで,岡が学位を取るために京都大学に提出した報告の中から,問題Iについて述べた部分を読んでみましょう.

1. 定義. n 複素変数 $x_1, x_2, \cdots, x_n$ ニ依テ描カレタ空間 $((x))$ ニ開集合 Δ ヲ考ヘル.

(Δ) $x_i \in X_i$, $R_j((x)) \in Y_j$ $(i = 1, 2, \cdots, n ; j = 1, 2, \cdots, \nu)$.

〈中略〉

次ニ本章ノ,云ハバ推進力トナツテ居ル2ツノ問題ヲ述ベル.

問題 I. ── ν 個ノ複素変数 $y_1, y_2, \cdots, y_\nu$ ヲ導入シ,空間ニ,

(Σ) $y_j = R_j((x))$, $((x)) \in \Delta$ $(j = 1, 2, \cdots, \nu)$

ニヨツテ規定セラレル点集合ヲ考ヘル.此ノ Σ ハ $2n$ 次元ノ固有面 $y_j = R_j((x))$ $(j = 1, 2, \cdots, \nu)$ 上ニ於ケル開集合デアル.面上ノ開集合ヲ開面片(複数)ト呼ブ.Σ ノ境界ハ次ノ擣状域[8] (C) ノ夫ノ上ニ載ツテ居ル:

(C) $x_i \in X_i$, $y_j \in Y_j$ $(i = 1, 2, \cdots, n ; j = 1, 2, \cdots, \nu)$.

$\Delta, \Sigma, (C)$ ノ関係ハ稍圖ニ依テ示サレル.

---

[7] Cartan, H., Sur les fonctions de deux variables complexes, Bull. Soc. Math. 54 (1930), 99–116.
[8] 擣状域 = 直積型の領域.この場合は $X_1 \times \cdots \times X_n \times Y_1 \times \cdots \times Y_\nu$

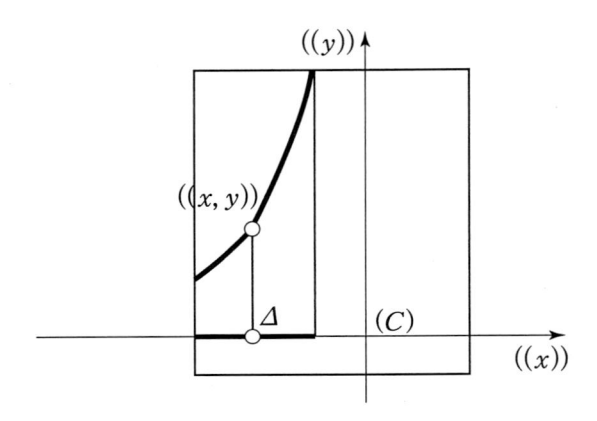

[図]

$f((x))$ ヲ n 複素変数 x_i ノ 無偏向函数 [9] (fonction holomorph) トスル．之ヲ $n+\nu$ 個ノ複素変数 x, y ノ夫ト看做ス．カウスレバ $f((x))$ ハ Σ ノ各点ニ於イテ正則デアル．

此ノ状勢ニ於テ，(C) ニ於テ無偏向デアツテ，Σ 上ノ任意ノ点 M デ $f(M)$ トナル様ナ函数ヲ求メルコト．

之ヲ問題 I，ν ヲ其ノ順位ト名ヅケル．ν ハ新複素変数 y_j ノ数デアル．従ツテ順位ハ 1 ニ始マル．

Cousin [10] ノ問題．―― 空間 $((x))$ 内ニ与ヘラレタ領域 D ニ於テ有理型デアツテ，D 内ニ与ヘラレタ極 ($\wp$) ヲトル函数ヲ求メル問題ヲ Cousin ノ第一問題ト云ヒ，〈中略〉 D ニ関スル

---

[9] ＝ 正則関数
[10] ＝ クザン

Cousin ノ第一問題ヲ考ヘル．D ガ (Ω_0) ニ屬スル[11] トキ之ヲ問題 II ト呼ビ，D ノ順位ヲ此ノ問題ノ順位ト名ヅケル．

岡潔先生遺稿集第五集より

　問題 I と問題 II は，それぞれ定理 3.4 と定理 3.3 の多変数への一般化を目指しています．第一論文で岡は問題 I，II を解いたのですが，それは上の意味の「順位」に関する 2 重帰納法によったのでした．その議論の詳しい解説は[西野]や[山口]にゆずり，ここでは章末でその雰囲気にだけ触れることにします．

　ともかく第一論文の第一着手は問題 I で，それは多変数の正則関数に対する一つの補間問題であり，したがって，上で述べた観点からはユークリッド以来の数学の本道に沿っています．しかし岡がここへ至る道は決して直線的ではありませんでした．次にそれを振り返ってみましょう．

3. 多変数関数論への準備

　岡の自伝的エッセイである「春宵十話」には，第一論文の問題 I，II が解けたときの様子が，発見の喜びと共に印象深く書かれています．この本は岡の談話を新聞記者の松村洋氏が文章にしたものですが，ここには一人の天才の生の体験に根ざした思想が，その成長過程を窺い知ることができる仕方で描かれています．そこでしばらくこの本を手掛かりに，岡がどのようにして多変数関数論の研究へと進んでいったかを見て行きましょう．

---

[11] 「$\varDelta$ の形をした開集合」の意味．

まず目につくのが京都大学理学部の物理学科に入学した経緯です．岡は最初は工科（工学部）に進もうと思っていましたが，第三高等学校の同級生たちと同様，アインシュタインの来日につられて物理学科に方向を転じました．工科から理科（理学部）への進路変更には，5次方程式の代数的解法の不可能性に関するアーベルの定理の存在を知ったこともきっかけだったと書いてあります．ところが入ってみると物理は好きになれず，一年生で受けた数学の講義がきっかけで数学科に移りました．物理が好きになれなかった理由は定かではありませんが，「アーベルの定理の方が高尚な気がしたから」と書いてあるように，岡は既に自己の数学の資質をはっきりと自覚していたに違いありません．そんなところへ定期試験で出された難問が解けたことで自信がつき，数学者への道に踏み出したようです．この他にも少年期の思い出などは示唆に富み，興味はつきませんが先に進みましょう．

　エッセイの最後の章である「わが師わが友」と題された章には，岡を惹き付けた和田健雄 (1882–1944，微積分，微分方程式)，河合十太郎 (1865–1945，数学者の逸話など)，園正造 (1886–1969，何事でも定義にまで立ち帰る)，西内貞吉 (1881–1969，幾何) らの教授陣の思い出が記されています．この中で，岡が多変数関数論の道へ進むきっかけを作ったのは河合十太郎でした．（高木貞治も第三高等学校時代に河合に教わっています．）河合はドイツに留学したことがありますが，岡にはジュリアの論文を読むように薦めました．これは199ページもある大論文[12]で，正

---

[12] Mémoire sur l'itération des fonctions rationnelles（有理関数の反復合成についての研究報告）

則関数の反復合成列の挙動によって領域を二つの部分に分割し，列が特異性を示す部分をきちんと記述したものです．その集合は今日ジュリア集合の名で知られています．この論文を読んで岡はすっかりジュリアのファンになったようで，文部省からドイツ留学の辞令が下りたにもかかわらずフランスへ行くことを希望し，結局ジュリアを頼って留学することになりました．「わが師わが友」にはジュリアのことが次のように書かれています．

フランス留学時代の師，ジュリア先生からは数学にリズムというもの，「しらべ」というものがあることを教わった．フランス数学界から賞をもらった先生の懸賞論文は全体の調和を実によく考え，長くすべき所は長く，短くすべき所は短くしてあって，さながら彫刻のような重量感がよく出ている．ラテン文化の一面だと感心させられたことだった．またその著書「一価函数論」(Leçons sur les fonctions uniformes[13])の特徴はピリオド，コンマ，コロン，セミコロンなどの思い切った使い方にあり，時間的な感覚を十分出そうとつとめている．

別の所で岡が「一価函数論」の魅力として挙げている次の文章を見ると，この感じがもっとよくわかるような気がします．

函数 e^z は或る例を与えてくれる：もし z が正の実軸

---

[13] Leçons sur les fonctions uniformes à point singulier essentiel isolé (真性孤立特異点における一価関数についての論考)

上を無限大に行くと，e^z も正の実軸上を無限大に行く．もし z が負の実軸を描くと，e^z は半径 1 の円上を（正または負の方向に）回り続ける．　最後に $z=x+iy$ が $e^x=a+b\cos\lambda y$ で定められる曲線を描くなら，e^z は極座標で $\rho=a+b\cos\lambda\theta$ で定められる曲線を描く．この曲線は原点を中心とする半径 $a-b$ と $a+b$ の円の間をサイン曲線のように波うち，λ が無理数のときは，その円環を稠密に埋める．

　　　岡文庫　未公表論文など　17　Fonctions algébriques
　　　　　permutables avec une fonction rationnelle non-linéaire
　　　　　　　　　　　解題に代えて　西野利雄著　より

　指数関数という一つの関数に対して，ワイアシュトラスのように見たり（第一章），ジュリアのように見たり，いろいろな観点があるものです．前者は解剖学的，後者は生態学的ともいえますが，論理派と直観派の対照とも言えるでしょう．岡は直観派だったようですが，論理と直観が一体化するところにも数学の醍醐味があるように思います．（よくみれば薺花さく垣根かな　芭蕉）留学の前，岡は同期生の秋月と共に研究生活のスタートを切りました．二年間，講師として演習を受け持ち，演習の授業を受けた学生たちに強烈な印象を与えたようです．以下はその頃の様子を伝える話の一つです．

　　…それから岡潔さんが微分積分の演習．岡さんのほうは，文学的に表現すればいろいろありますけれども，まとめて言いますと，ものすごくむつかしい，できんような問題をいき

なり出すわけですよね．なにか連続で至るところ微分できない関数をつくれというんです．それはあることはあるけれども，ぼくらはできません．…

これは湯川秀樹の回想[14]です．若き物理学徒が当惑しながらも記憶の片隅に留めたこの問題は，ジュリア集合と関係があります．このような関数を作るにはグラフの凹凸のギザギザが無限に細かくなるようにすればよいので，例えば一つの周期関数をもとに，周期と振幅を適当に減少させながら作った無限個の関数を足し合わせれば作れます[15]．このような関数のグラフの特徴としてリアス式海岸のような自己相似性があり，ジュリア集合はまさにこの特徴を備えています．こんなところにも当時の岡の関心が顔を出しているようです．ここで「ものすごくむつかしい」という点について一言．この問題は確かに初学者にとってレベルが高すぎるようです．ただし難しさは技術的な複雑さにあるのではなく，いわば概念的なもので，「連続かつ微分不可能」と「自己相似」を結びつけるという点にあります．歴史的にはこの点に最初に気付いたのはリーマンだったようですが，リーマンが示した関数には微分可能な点が僅かながら残っていました．大数学者のリーマンでさえ不徹底だったことを演習でやらせるとは何と無茶な，と読者は思われるかもしれませんが，高い理想を示すことによってのみ成長を促すことができる能力の一つが数学です．実際，湯川

---

[14] 湯川秀樹著作集　別巻　対談　岩波書店　1990

[15] 例えば $\sum_{n=1}^{\infty} b^n \cos(a^n x\pi)$, a は奇数で $0<b<1$ かつ $2(ab-1)>3\pi$．
（ワイアシュトラスによる）

の同級生であり後に数学者として名を馳せた小堀憲 (1904-92) や岡村博 (1905-48) はこの問題を解いたそうです．また，演習は講義を補うものと考えがちですが，数学の場合むしろ講義は演習の息抜きです．そもそも数学の問題が解けるということ自体がたいへん不思議なことで，その積み重ねに比べればほとんどの講義は無味乾燥な後付けの理屈の紹介でしかありません．それでも講義に意味があるとすれば，それによって創造的な感性の交流が生じうるからでしょう．湯川の回想でも，岡の思い出の後で講義の印象が述べられます．

> そのほか岡さんについてはいろいろありました．腰のところに手ぬぐいをぶら下げてね．大きな麦わら帽をかぶったりしていたんですけれども，そういうふうな感じやね．これはおもろい先生やなという印象なんや．しかし演習問題を見ると，むちゃくちゃむつかしい．…
>
> ぼくはものすごく貪欲でしたから，なんでもかんでも聴いたけど，あまり役に立っていませんね．射影幾何もわからん．聴いてよくわかったのは関数論ですね．集合論からはじまりまして，関数論はわりあいによくわかった．それは多少役に立っているんでしょうね．…

こんな調子です．この関数論の講義をしていたのは岡の先生でもあった和田健雄でした．和田の名は前任者である吉川實夫の名著「函數論」の序文の中にも出て来ます．謝辞ですが，当時の少壮数学者たちの熱気が伝わってくるようです．

... 本書参考スルトコロ主トシテ独逸大家ノ書ニアリ．然レドモ又理学士和田健雄君並ニ理学士杉谷岩彦君ニ負フトコロ頗ル大ナルモノアリ．両君ハ常ニ本書ノ原稿ヲ精読シテ余ヲ助ケラレ，両君ノ意見ニ基ヅキテ欠ヲ補ヒ煩ヲ省キ，或ハ脚註ヲ附シ或ハ改作ヲ企テタルモノ寔ニ尠シトセズ今ヤ本文ノ校正ヲ終リ公刊ニ附スルニ當リ，特ニ之ヲ明記シテ兩君ニ對シ最モ深厚ナル謝意ヲ表スルヲ得ルハ，余ノ誠ニ悦ニ堪エザルトコロナリ．

大正二年十一月　吉川實夫識

　ここで名の挙がった杉谷岩彦（1889-1971）も岡の恩師の一人です．5次方程式に関する「高尚な」アーベルの定理は，岡が三高の一年生だったとき杉谷の口から聞いたのでした．余談ながら，この人はスギタニルリシジミやスギタニオオムラサキという蝶に名前を残しています．岡も昆虫採集に凝った時期があったようで「春宵十話」では発見の喜びを「チョウを採集しようと思って出かけ，みごとなやつが木にとまっているのを見たときの気持」と表現しています．

　吉川の本ですが，これはワイアシュトラス流ではなく，コーシーの積分定理はちゃんと前半で出て来ます．最後の節は零角等辺円弧三角形の写像と題され，楕円モジュラー関数のシュワルツによる構成が紹介されています．これは幾何学的な方法で，領域の一部分で定義された関数を拡げて作りますが，定義域を折り返しによって延長しながら，関数の値も折り返しによって決めて行きます（鏡像の原理）．このような構成によって，いわゆる保型関数の重要な例が得られます．その様子を示す次の二つの図

は，等角写像[16]により互いに等価です．ちなみに吉川はドイツに留学し，ベルリンでシュワルツに，ゲッチンゲンではヒルベルトとワイル (1885-1955) に学んでいます[17]．

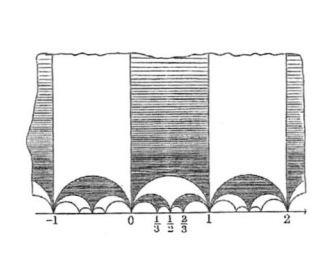

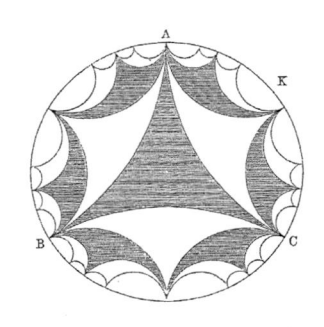

序文では，将来「楕円関数論」の項目を追加する希望が述べられていますが，吉川がそれを果たせず早世したことが惜しまれます．

さて，ジュリアの論文に戻りますと，注目すべき点は，全体の構成もさることながら，ジュリア集合という基本的には複雑極まりない対象についての情報から関数方程式についての明確な結果を得ていることです．そのことが若き岡の研究意欲をかき立てたのだと推察されます．このジュリアの論文をお手本にしたような論文を岡はフランスに行ってから書き上げたのですが，発表はしませんでした．岡に手ほどきを受けた西野利雄 (1930-2005) は，これを「先生の一番難しい論文」と評しています[18]．

---

[16] 等角＝正則かつ局所的に 1 対 1（ただし一変数）

[17] 鈴木武雄　数学者吉川実夫と海軍技術中佐吉川春夫　数学教育研究　第 39 号 (2010), 105-124.

[18] 多変数函数論サマーセミナー (2001) における講演

ともかく，愛着のあるこのテーマから何とか離れた後，ジュリアに手渡された10篇あまりの論文のうちの一つ[19]を，「これ一つだけを撰んで，それを繰り返し繰り返し，論文がすり切れてしまうまでよみ入ることによって[20]」，多変数関数論こそ本命の研究課題と思い定めたのでした．しかしながら，これを糸口にして得られた最初の研究成果は，残念ながらジュリアに合格点をつけてもらえませんでした．「若い人たちがそういうことをするようでは全く見込みがない[21]」と叱られたのです．もちろんこういった叱りかたをするのは相手に見込みがあるからですが．恩師の愛のムチである叱咤激励を受けて岡はさらに成長します．帰国してから広島大学の紀要に掲載された研究 "Note sur les familles de fonctions analytiques multiformes etc."（多値解析関数の族等についての注意）は本格的なもので，今世紀に入ってからもいくつかの研究論文で引用された仕事です．これは岡が学位論文にするつもりで書いていた論文の結果だけを要約したものです．しかしその本体は出版されませんでした．その原因は，ベンケ（1898-1979）とトゥレン（1907-96）の共著による一冊の総合報告［B-T］でした．何年もかけて準備をして来た仕事をまとめている時でしたが，その本を読むにつれ，岡の眼前に多変数関数論の中心的な問題群が峨々たる山脈のような存在感をもって立ち現れたのです．ここにいたってようやく本領を発揮できる舞台を得

---

[19] Julia, G., Sur les familles de fonctions analytiques de plusieurs variables, Acta Math. 47 (1926), 53-115.
[20] 岡潔先生遺稿集 第4集 27. Sur les fonctions analytiques de plusieurs variables XI Rappellées du printemps（春の思い出）より
[21] 同上

た岡は，1936年の第一論文を皮切りに，水を得た魚の如くつぎつぎと独自のアイディアを持ち込みながら，これらの難問を見事に解決して行きます．そこで，次節ではこのベンケ・トゥレンの本にまつわる話をご紹介しましょう．

4. 全体像を読む

　岡は河合十太郎教授の勧めでジュリアの論文を読んだことがきっかけで多変数関数論の研究を始めたわけですが，日本の岡潔ファンのほとんどは，「春宵十話」や「人間の建設」を読んで岡の世界に興味を抱くようになったのだと思われます．岡は多くの随筆や対談を残しましたが，とくに「春宵十話」の中の「発見の鋭い喜び」の話は秀逸です．この書き出しが独特で

　　　よく人から数学をやって何になるかと聞かれるが，私は春の野に咲くスミレはただスミレらしく咲いているだけでいいと思っている．

という文章で始まります．筆者の知る限り数学者としての矜持をこんな言葉で表現した例はかつてなく，これを読んだ当時の人々はおしなべて清冽な印象を受けたようです．平凡な数学者がこんなことを言ったら失笑を買うか小突かれてしまいそうですが，文化勲章を受章した数学者の言葉でしたからインパクトがありました．「数学者の品格」というものの例を提示せよと求められば，筆者は岡のこの言葉を真っ先に挙げたいくらいです．ともあれ，これに続いて本題はベンケ・トゥレンの本のことから始まります．

留学から帰り，多変数函数論を専攻することに決めてから間もなく，1934年だったが，ベンケ，ツーレン[22]（＝ベンケ・トゥレン）共著の「多変数解析函数論について[23]」がドイツで出版された．これはこの分野の詳細な文献目録で，特に1929年ごろからあとの論文は細大もらさずあげてあった．これを丸善から取り寄せて読んだところ，自分の開拓すべき土地の現状が箱庭式にはっきりと展望でき，特に三つの中心的な問題が未解決のまま残されていることがわかったのでこれに取り組みたくなった．

「三つの中心的な問題」とは，まさに岡が第一論文の序文の冒頭に挙げた「ルンゲの定理が成り立つ領域のタイプ」，「クザンの定理が成り立つ領域のタイプ」および「ハルトークスの凸性とカルタン・トゥレンの凸性の関係」です．これらはベンケ・トゥレンの本では第5章と第6章に属するものですが，その中からさらに幾何学的な要素を抽出したような趣があります．筆者がそう感じるのは，1966年に書かれた「春の雲[24]」の一節「数学者リーマン」を読んだからかもしれません．そこには岡がリーマンに受けた影響がどんなものだったかが次のように述べられています．

　　わたくしの研究とリーマンとの関係は，私は「多変数解

---

[22] 初版では「ベンケ・ツレン」
[23] Theorie der Funktionen meherer komplexer Veränderlichen（直訳すれば「多複素変数の関数の理論」）
[24] 春の雲　岡潔著　講談社現代新書107（1966）．この本のまえがきには「今度はみなわたくしが書きました．」とあります．

析函数」を研究しているのだが，リーマンの取り扱った，一変数の場合の諸原理は多変数の場合には，ただ一つリーマン面を考えるということ以外は一つも成立しない．むしろリーマンの後を受けたワャーストラース（＝ワイアシュトラス）のもののほうが使える．〈中略〉 わたくしの研究とリーマンとの関係はそんなふうであるのに，わたくしは研究が行きづまるとまたしてもリーマン全集を開いたものである．読むためではなく空中楼閣を描かされてしまうためである．

　岡はこの文脈で，リーマンの論文は死後百年経った今も色あせていないと高く評価する一方，リーマンのエスプリ（精神）は非常に東洋的であると主張します．そしてリーマンは日本人そっくりで，この人がスイスに生まれたのが不思議だとまで言います．岡がとことん惚れ込んだ相手についてのことですから，このような言い方になるのも無理はないかもしれませんが，あえて筆者の建前を言わせて頂くなら，第二章で述べた事情により「ワイアシュトラスがリーマンの後を受けた」には同意しかねます．ただ，「空中楼閣」については上空移行の連想が働くのでよくわかります．というのも，一般領域上の問題を単位円板などの標準的な領域上の問題に帰着させ得るという原理がはじめて提出されたのは，リーマンの学位論文中の一定理によってだったからです．これはリーマンの写像定理[25]として名高く，等角写像の基本定理とも呼ばれますが，岡の第一論文で重要なステップとなった，与

---

[25] C の領域 D の補集合が 2 点以上を含む非有界な連結集合なら，D を円板上に正則かつ 1 対 1 に写像することができる．

えられた領域をより高次元の多重円板に埋め込むというアイデアは、この写像定理の発想によく似ています.

ベンケ・トゥレンの本の話に戻りますが、この本は「数学とその境界領域における研究成果[26]」というシリーズの一冊で、ベンケが当時の筆頭編集者であったクーラン (1888–1972) の要請を受け、弟子のトゥレンの協力を得て書かれたものです. ベンケは最初、保型関数で有名なヘッケ (1887–1947) の指導を受け、「解析関数と代数的数について」という学位論文を書きました. このように、ベンケは数論に軸足を置いた研究を行っていたのですが、1927年にミュンスター大学の教授になってから多変数関数論に関心を集中し始め、退職するまでの間にここで多変数関数論の学派を作りました. トゥレンは執筆前後にベンケの助手をしており、カルタンとともに重要な仕事をしていますが、1933年1月に政権を握ったヒットラー (1889–1945) を忌み嫌って母国を去りました. その後クーランの口利きでかろうじてエクアドルの大学に職を得、年金設計などで南米の国々に貢献しましたが、多変数関数論で再度本領を発揮する機会がなかったことは残念です.

ちなみにクーランを始めとする編集委員たちは皆ゲッチンゲン大学に所属していたのですが、1933年以後、ヒットラーの苛政のあおりを食らって散り散りバラバラになってしまいました. ユダヤ人だったクーランは、いち早く 1933 年にイギリスを経てアメリカに亡命し、後にニューヨークで研究所を設立しました. 岡にしても、森が動くように時代が戦争へと傾斜して行く恐怖と無縁であろうはずはなく、後にこの頃のことを回顧して、パリの街

---

[26] Ergebnisse der Mathematik und ihrer Grenzgebiete

を歩いているとどこからともなく人が集まって来，異口同音に満州の問題について自分に非難の言葉を浴びせたと，暗い表情で語ったそうです．

このように，この時代は戦争が世相に大きな影を落としていたわけですが，その中で多変数関数論はどのような状況にあったのでしょうか．それを知るため，ベンケ・トゥレンの本の序文を少し読んでみましょう．

> 多複素変数の関数論は，近年，多数の国々で数学研究のテーマとなった．この分野の研究論文は多数に上り（わずかな年数でそれ以前の数十年分を越えたのだが），これに関心を持つ学者が特定の文献にあたりをつけにくくなった．それに加えて，論文の出発点や前提が（とりわけ暗黙の了解事項が）著者ごとに程度の差こそあれ互いに食い違っている．この事情が編集者をして，我々に，研究領域全体の報告書を書くよう要請せしめたのである．

これに続けて，種々の研究結果を統一的に記述するため多変数でもリーマン面の類似物を基礎におくという立場が表明され，内容のかいつまんだ紹介，記号の使用法に類した注意などが続き，最後にはこの本を書くために協力してくれた人々への謝辞が書かれています．ここには当時の有名な数学者が数多く登場し，最先端の雰囲気が伝わって来ます．また，上では論文数の増加に言及されていますが，この本の文献表には（共著論文を重複度なしで数えれば）143篇の論文が挙げられています．そのうち1929年以降のものは85篇あり，一番古いのがポアンカレの

1883 年の論文なので，まさに 4 年間でそれまでの 40 年分を越える数です．このように急速に盛り上がった分野のタイムリーな報告書として，ベンケ・トゥレンの本は書かれたのです．世相が暗くなる一方で，次第に力を増した一つの真理が光を発し始め，誘蛾灯のように野心的な数学者たちを惹き付け始めたと言ったら穿ち過ぎでしょうか．

　ちなみにこの本の歴史的意義を記念して，1970 年，ドイツの数学者たちによる注釈つきの第 2 版が出版されましたが，その序文には岡への極めつけの賛辞が書かれています．このとき編集責任者としてベンケ・トゥレンの第 2 版の出版を要請したのはベンケの元で育ったレンメルト（1930– ）でした．レンメルトは後に岡の英訳論文集[27]も編集しました．これは R. ナラシムハン（1937– ）が岡のフランス語の論文を英語に訳したもので，岡がセミナーでよく板書したという「今ノ一当ハ昨ノ百不当ノ力ナリ」の広中先生による揮毫と，フランス語によるカルタンの注釈と，ドイツ語によるレンメルトの序文がついています．1948 年にシカゴ大学で岡の論文を一読したヴェイユ（1906–98）がカルタンにこれを郵送した際，それに添えた手紙の中で「これをフランス語に訳さねば」と冗談まじりに述べたことが，こういう形で実現したわけです．上記のカルタンの注釈の中に，「岡の論文は自家製のフランス風の言語で書かれているが，すぐに慣れて読めるようになる」という下りがあり，微笑を誘います．

　さて，次節ではこの本の数学的内容に触れてみましょう．

---

[27] KIYOSHI OKA COLLECTED PAPERS, Springer-Verlag 1984

5. 領域の問題

　ベンケ・トゥレンの本は岡に多変数関数論の主要な問題を提供すると同時に，この分野の全体像を把握させました．とくに第6章「正則領域と正則包の理論」におけるカルタン・トゥレンの定理は岡の視点に一つの転回をもたらしたといえます．岡は風樹会宛の最初の報告 (1942) で真っ先にこの定理に触れ，「私ハ此ノ定理カラ出発シタノデス」と書いています．その事情を具体的に説明するため，多変数の正則関数の定義域やその境界というものに関してどんなことが問題になり得るかを，ベンケ・トゥレンの本から30年ばかり前に戻って見てみましょう．

　1897年，ワイアシュトラスが亡くなった年ですが，スイスのチューリッヒで国際数学者会議 (ICM[28]) が開かれました．そのとき「近代における解析関数の一般理論における発展」と題した講演の中で，フルヴィッツ (1859-1919) は多変数の解析関数の存在域に関して非常に重要な指摘をしました．存在域とは大まかには最大の定義域のことですが，フルヴィッツの注意は正則関数の存在域に関するもので，一変数の場合と違って多変数の正則関数は孤立特異点を持ち得ないというものです．つまり $D = \{z \in \boldsymbol{C} ; |z| < 1\}$ とおくとき次が成立します．

---

[28] International Congress of Mathematicians. この歴史については，1986年に出版され，欧米以外で初めて開かれた ICM 京都 (1990) を記念して和訳された「数学の祭典　国際数学者会議　一世紀のアルバム」(D.J. アルバース /G.L. アレクサンダーソン /C. リード著　荒木不二洋監訳) が詳しい．

定理3.5　$n \geq 2$ のとき，制限写像
$$\mathcal{O}(\boldsymbol{D}^n) \longrightarrow \mathcal{O}(\boldsymbol{D}^n - \{0\})$$
は全射である．

これはいろんな方法で証明できますが，ここではコーシーの積分公式を使って証明してみましょう．

証明　$n=2$ として行う．（一般の場合も同様．）
$f \in \mathcal{O}(\boldsymbol{D}^2 - \{0\})$ に対し
$$\tilde{f}(z,w) = \begin{cases} f(z,w) & ((z,w) \in \boldsymbol{D}^2-\{0\}) \\ (2\pi i)^{-2} \int\limits_{|\zeta|=\frac{1}{2}} \left(\int\limits_{|\xi|=\frac{1}{2}} f(\zeta,\xi) \frac{d\xi}{\xi} \right) \frac{d\zeta}{\zeta} & ((z,w)=(0,0)) \end{cases}$$

とおけば $\tilde{f} \in \mathcal{O}(\boldsymbol{D}^2)$ かつ $\tilde{f}|\boldsymbol{D}^2-\{0\}=f$ となる．実際，$0 < |z| < 1$ ならば w に関して $f(z,w)$ は $\boldsymbol{D}$ 上で正則だから，$0 < |z| < \frac{1}{2}$, $|w| < \frac{1}{2}$ のときコーシーの積分公式より

$$f(z,w) = (2\pi i)^{-2} \int\limits_{|\zeta|=\frac{1}{2}} \left(\int\limits_{|\xi|=\frac{1}{2}} f(\zeta,\xi) \frac{d\xi}{\xi-w} \right) \frac{d\zeta}{\zeta-z}$$

であり，右辺は（多項式の極限と考えて）$|z|<\frac{1}{2}$, $|w|<\frac{1}{2}$ のとき正則だからである．　□

このような観察と多変数のベキ級数についての二三の研究を受けて，ハルトークス（1874-1943）は正則関数の最大の定義域の形状について著しい結果に達しました．ハルトークスの定理を述

べるため,「最大の定義域」を正確に述べておきましょう.

> **定義 3.3** D を C^n の領域とする.いま $\mathcal{O}(D)$ の元 f に対して次が成り立つとする.
> (3.10) 　∂D の任意の点 c,c の任意の近傍 U,$\mathcal{O}(U)$ の任意の元 g,および $U \cap D$ に含まれる任意の開球 B に対して $g|B \neq f|B$ である.
>
> 　このとき D は f の **存在域** であるといい,このような f を一つでも持つような D を **正則領域** と呼ぶ.

　(3.10) とは反対に,∂D のある点 c のある近傍 U と $\mathcal{O}(U)$ のある元 g に対し,$U \cap D$ に含まれる開球 B があって $g|B = f|B$ となるとき,f は **c を越えて解析接続される** といいます.本来,存在域や正則領域は正則関数を可能な限り接続した結果生ずるものなので C^n 上に何重にも重なった **多重領域**(リーマン領域ともいう)として扱うべきものです.多重領域について簡単に説明しますと,C^n の二つの領域 U,V があったとき,$U \cap V$ の連結成分のうちいくつかを選んでそれらに沿って U と V を貼り合わせると,できたものは一般には C^n に含まれず,場所によっては C^n の点を二重に覆う点集合になります.一般に無限個の領域をこの要領でつなげてできる集合が多重領域です.多重領域に対しても正則領域の概念が自然に拡張されますが,ここでは記述を簡単にするため C^n 内の領域に限って話を進めます.

　C 内の領域やそれらの直積が正則領域であることは明らかでしょう.その一方,定理 3.5 は,$D^n - \{0\}$($n \geq 2$)が正則領域 **でない** ことを言っていますが,より進んで正則領域の幾何学的形

状がどのように限られるかを考えるところから，新しい数学が生まれました．次の命題はこの問題の自然さを端的に例示しています．

> **定理 3.6**　R^n の領域 Ω と C^n の領域 $\Omega_C = \{z; \operatorname{Re} z \in \Omega\}$ について，
> $$\Omega \text{ が凸} \iff \Omega_C \text{ が正則領域}$$

ただし Ω が凸であるとは，Ω 内の 2 点を結ぶ線分がつねに Ω に含まれるときを言います．歴史的には，ハルトークスが 1906 年の論文で挙げた次の定理によって正則領域の本格的な理論が緒に就きました．

> **定理 3.7**　$T = \{(z,w) \in C^2; |z| < \frac{1}{2} \text{ または } \frac{1}{2} < |w| < 1\}$ とおくとき，C^n 内の正則領域 D に対し，D^2 上の C^n 値正則関数 f が $f(T) \subset D$ をみたせば $f(D^2) \subset D$ である．

証明は定理 3.5 と同様です（コーシーの積分公式を使うだけです）．定理 3.6 の性質をみたす開集合は **H 擬凸**（= **ハルトークスの意味で擬凸**）であるということにします．H 擬凸性を次のように局所化したのが擬凸性です．

> **定義 3.4**　領域 D について，C^n の各点に対しその適当な近傍 U をとれば $D \cap U$ が H 擬凸になるとき，D は**擬凸**であるという．

擬凸領域という言葉は本来，カルタンが別の意味で使ったのですが，ここでは上の意味で使うことにします．いずれにせよ，これらは岡の第九論文のおかげで同じ意味になります．

ハルトークスは正則領域の境界についてさらに詳しく調べ，次の結果を得ました．

> **定理 3.8** C^n の領域 D 上の連続関数 $f: D \longrightarrow C$ に対し，次は同値である．
> 1) $f \in \mathcal{O}(D)$.
> 2) $D \times C - \{(z, f(z)); z \in D\}$ は擬凸．

定理 3.8 により，関数の正則性はグラフの補集合の幾何学的性質を見てもわかるというわけですから，正則関数の概念を 2) によって集合値関数に対して拡げてみようというのは自然な発想です．こういう研究をしていたのが，ベンケ・トゥレンの本に出会う前の岡でした．今日ではこれがさらに進んで，例えばジュリア集合の変形理論を基礎づけています．しかし岡のこのアイディアはあまりにも時代に先んじ過ぎていて，当時としては発展性に乏しかったようです．ともあれ，「中心的な問題を扱ったものではない」という岡の言葉の裏にはこのような事情があります．

さて，この辺境の地から岡に中心への回帰を促したものは，カルタンとトゥレンの共同研究による次の定理でした．

> **定理3.9** C^n の領域 D が正則領域であるためには次の条件が成り立つことが必要かつ十分である.
>
> (3.11) D に含まれる任意の有界閉集合 K に対し,集合 $\hat{K} = \{z \in D ; 任意の f \in \mathcal{O}(D) に対して |f(z)| \leqq \sup_K |f|\}$ は有界閉集合である.
>
> ただし $\sup_K |f|$ は K における $|f|$ の上限を表す.

条件 (3.11) をみたす領域は**正則凸** (holomorphically convex) であるといいます.これが第一論文の冒頭の「H. カルタン・P. トゥレン両氏の凸性」です.正則凸性は,通常の幾何学的な凸性が実変数の一次式の集合に関して上と同様の仕方で言い換えられること,つまり凸集合はいくつかの半空間の共通部分に他ならないをことを利用して,それを関数の集合 $\mathcal{O}(D)$ に対して拡げたものになっています.つまり,凸集合が内部から凸多面体で近似できるように,正則領域は正則関数族に関する多面体状の領域で近似できるというわけです.これにより,第一論文で扱われた「有理関数系に関して凸」(= 有理凸) な領域上の理論が十分な一般性をもち,正則領域上の理論に拡張できる可能性が示唆されています.実際にそれを示したのが第二論文でした.

定義からすぐわかることですが,正則凸性は次のように言っても同じことです.

(3.12) D 内の任意の無限離散集合 $\{c_k ; k \in \mathbf{N}\}$ に対し,$\mathcal{O}(D)$ の元 f で $\lim_{k \to \infty} |f(c_k)| = \infty$ をみたすものが存在する.

ここまで来ると補間問題の姿が見えて来ます.つまり,補間問題が解ける領域は正則凸でなければなりません.では逆に,正

則凸な領域上では補間問題が解けるのでしょうか．この問いに対する完全な解答は，第九論文に至ってはじめて，連接性定理に基礎づけられた擬凸領域上の不定域イデアル論により与えられました．つまり，「擬凸ならば正則凸」が第六論文（$n \leq 2$）と第九論文（$n \geq 1$）で示されましたので，補間問題は擬凸領域上で解けることになったのです．問題Iがこの長い道程の第一歩だったことは，岡理論を語る上で欠かせない重要な点だと思います．

6. ルンゲの定理

春宵十話で言及された「三つの中心的な問題」のうち，前節ではハルトークスとカルタン・トゥレンによる凸性とについて，とくに第一論文の問題Iとの関係について述べましたが，残りの二つについても見て行きましょう．まず「ルンゲの定理が成り立つ領域のタイプ」についてです．これは関数の近似に関する問題ですが，やはり問題Iと関連づけられます．**ルンゲの定理**とは次をいいます．

定理3.10　D を C の領域とすると，$\mathcal{O}(D)$ の任意の元は D 上で正則な有理関数列の極限である．また，D が単連結[29]ならば $\mathcal{O}(D)$ の任意の元は多項式列の極限である．

---

[29] 平面領域 D に対し，$C-D$ が二点以上を含む連結集合であるとき D は単連結であるという．D 外の任意の点 b と D 内の任意のサイクルに関して定理1.5 の (1.4) がみたされると言っても同じ．端的には任意のループが内部で一点につぶれる領域のこと．

ただし関数列の収束は，以下では局所的な収束とします．D が円板ならば，ルンゲの定理はワイアシュトラスまたはコーシーの理論に含まれます．なぜなら円板上の正則関数の，円の中心におけるテイラー級数は，円板内で局所的に収束するからです．D が円環領域であれば，$f \in \mathcal{O}(D)$ に対して

$$f(z) = \sum_{j \in Z} c_j z^j \quad (c_j \in C)$$

という無限級数表示ができます．いわゆるローラン級数展開と呼ばれるものです．定理 3.10 は，一般領域上の正則関数に対してもテイラー展開やローラン展開に相当するものが存在し得ることを保証しているという意味があります．ルンゲの定理の前身というべきものにワイアシュトラスの多項式近似定理がありますが，これは R の有界閉区間上の任意の連続関数が多項式で近似できるというもので，直交多項式系の理論の土台になっています．

　ルンゲの定理の証明は積分公式によります．詳しくは述べませんが，コーシーの積分公式 (1.5) を，z の有理関数である $(\zeta - z)^{-1}$ の重みつき平均として $f(z)$ を表す式と見れば見当がつきやすいと思います．

　ヴェイユはコーシーの積分公式の 2 変数版を作り，C^n 内の領域に対して正則凸性に似た**有理凸性**を用いてルンゲの定理を一般化しました．ここでは話を少し簡単にして，定理 3.10 の後半部である多項式近似に絞り，その多変数版について述べましょう．

定義 3.5 C^n の領域 D が**多項式凸**であるとは次が成り立つことをいう．

(3.13) D に含まれる任意の有界閉集合 K に対し，集合 $\widetilde{K} = \{z \in D;\ 任意の f \in C[z] に対して |f(z)| \leq \sup_K |f|\}$ は有界閉集合である．

定理 3.11 多項式凸な領域上の正則関数は多項式列の極限である．

ヴェイユの積分公式[30]は 2 変数とはいえ結構複雑ですが，C^n に対して問題 I が解ければ定理 3.11 はこの公式を使わずにすぐ出ます．

岡による定理 3.11 の証明：$C[z]$ の元を成分とするベクトル $P(z) = (P_1(z), \cdots, P_m(z))$ に対し，$D_P = \{z \in C^n;\ \max_k |P_k(z)| < 1\}$ とおくと，$\mathcal{O}(D_P)$ の任意の元 f は P のグラフ上の関数との同一視をへて $\mathcal{O}(C^n \times D^m)$ の元へと拡張できる．これをテイラー展開すれば f の多項式近似が得られる．多項式凸な領域は D_P の形の開集合の連結成分[31]の和で内側から近似できることから，定理の主張が従う． □

定理 3.10 は**岡・ヴェイユの定理**と呼ばれています．第一論文

---

[30] 正確な形については第七章第 4 節を参照．
[31] これを（多項式）多面体領域と言います．

ではこれは有理凸領域上の正則関数が有理関数で近似できるという形で示されています．

ちなみにルンゲ（1856-1927）もベルリン大学でワイアシュトラスに学んだ数学者の一人ですが，応用面でも顕著な業績があります．とくに晩年は宇宙物理学に没頭しました．月のクレーターの一つにルンゲの名がついています．

7. ポアンカレの問題とクザンの問題

最後にクザンの問題についてですが，これも古典理論における原型から見て行きます．C 上の補間定理を思い出しますと，その証明で用いたものは

1. 与えられた離散集合を零点にもつ正則関数の存在（乗積定理）

2. 与えられた極をもつ有理型関数の存在（ミッタク・レフラーの定理）

でした．これらを一旦は補間問題と切り離し，C^n の領域上の問題として定式化したのがクザンの問題です．もちろん無理やり切り離したのではありません．乗積定理は本来，有理型関数を正則関数の比で表すために考察されたものでした．ミッタク・レフラーの定理も有理型関数の部分分数分解と見なせます．$\wp$ 関数の定義がこの形だったことを思い出しておきましょう．

多変数の話に移る前に，念のため，乗積定理とミッタク・レフラーの定理の一般型を述べておきます．

定理 3.12（乗積定理の一般型） C の開集合 D 内の任意の離散集合 Γ に対し，零点をちょうど Γ に沿って与えられた位数でもつ $\mathcal{O}(D)$ の元が存在する．

定理 3.13（ミッタク・レフラーの定理の一般型）

D と Γ を上と同様とすれば，Γ から $C[z]$ への任意の写像 μ に対し，極をちょうど Γ に沿ってもつ有理型関数 h で，$c \in \Gamma$ に対して $h(z) - \mu(c)\left(\dfrac{1}{z-c}\right)$ が c の近傍で正則であるものが存在する．

$\mu(c)\left(\dfrac{1}{z-c}\right) - \mu(c)(0)$ を $h(z)$ の c での**主要部**といいます．「主要部を与えて有理型関数が作れる」がミッタク・レフラーの定理なのですが，簡単に「極を与えて有理型関数が作れる」と言うこともあります．

これらを多変数の場合に拡張することは，アーベル関数の研究を深めるためにも必要なことでした．ヤコービは 2 変数のアーベル関数の実例を発見しましたが，ワイアシュトラスらはすべてのアーベル関数を知ることを目標にしたからです．しかし多変数のアーベル関数というものは楕円関数に比べて格段に複雑で，おいそれとは近づけないハイランクの集団を形成しています．たとえば $\wp$ 関数に限らず任意の楕円関数は簡単な部分分数分解式で書けますが，このような無限級数で表示できるアーベル関数はごく限られています．つまり多変数のアーベル関数は部分分数分解にはなじみません．そこでヤコービの逆問題からの自然な展開とし

て，それらが C^n 上の正則関数の比で表せるかどうかが中心的な問題になりました（ワイアシュトラスの予想）．ここからクザンの問題への道が開けて行きます．まず，ポアンカレがこの問題を2変数の場合に初めて解決しました．その論文がベンケ・トゥレンで引用された最古のものです．ポアンカレはこの頃楕円モジュラー関数の一般化である保型形式を導入して関数論に新境地を開くとともに，アーベル関数についても周期の構造について基本的な結果を得ています[32]．

関数論におけるこのような目覚ましい仕事の一方，ポアンカレは早くから数理物理学に深い関心を寄せ，ラプラス方程式を一般領域上で厳密に解くことを重んじました．多変数関数論においても，その姿勢は次の問題に現れています．

ポアンカレの問題 D を C^n の領域，f を D 上の有理型関数とする．このとき，D の各点における芽が互いに素であるような $g, h \in \mathcal{O}(D)$ が存在して $f = \dfrac{g}{h}$ となるか．

$D = C^n$ の場合がワイアシュトラスの予想でした．$n = 1$ なら，定理 3.12 よりポアンカレの問題はすべての D に対して肯定的に解けます．ポアンカレはラプラス方程式を用いてこれを C^2 上で解いていますが，クザン（1867–1933）は学位論文でポアンカレの証明を大いに簡単化し，コーシーの積分公式だけを用いて結果を C^n および直積型の領域へと拡張しました．クザンのアイ

---

[32] 近代的な保型関数論については [E-Z], [I], [志村-1, §8], [志村-3, §6] などを参照．

ディアは，補間問題を定理 3.12 と定理 3.13 に分けて解くように，ポアンカレの問題を以下に述べる**乗法的なクザンの問題**と**加法的なクザンの問題**に分けて解くということことでした．「P. クザン氏の定理が成り立つ領域のタイプ」という問題の背景は以上のようなことです．

 ではクザンの問題の具体的内容を述べます．零点や極を与えて関数を作るのは局所的には容易ですが，その定義域が D 全体になるようにしようと思えば，局所的に与えられた関数系 $\{f_j\}$ の隣同士の食い違いを修正してつなげるということをしないといけません．零点を与えた場合，この食い違いは二つの関数の比 $\dfrac{f_j}{f_k}$ として表せます．分母と分子の零点は打ち消し合いますから，$\dfrac{f_j}{f_k}$ は零点を持たない正則関数になります[33]．それらに対して零点を持たない関数系 $\{u_j\}$ で $\dfrac{f_j}{f_k} = \dfrac{u_j}{u_k}$ (u_j と f_j の定義域は同じ) をみたすものがあれば，$\dfrac{f_j}{u_j}$ が求める関数になります．このような u_j を求める問題を，最初の f_j を表に出さずに $\dfrac{f_j}{f_k}$ の性質だけを使って述べたのが乗法的なクザンの問題です．零点ではなく極を指定して関数を求める問題を同様に定式化したのが加法的なクザンの問題となります．詳しくは以下の通りです．

---

[33] 厳密にはここで極小局所定義関数の存在を使っています．

> **定義3.6** D は C^n の領域であるとし,U_j ($j \in I$) は D の開部分集合で $D = \bigcup_j U_j$ をみたすとする.このとき集合族 $\mathcal{U} = \{U_j\}_{j \in I}$ を D の(一つの)**開被覆**という.$u_{jk}, \frac{1}{u_{jk}} \in \mathcal{O}(U_j \cap U_k)$ であり,$U_j \cap U_k \cap U_l$ 上で $u_{jk} u_{kl} = u_{jl}$ となるとき,関数系 $\{u_{jk}; U_j \cap U_k \neq \varnothing\}$ を開被覆 $\mathcal{U}$ に付随する(解析的な)**乗法的コサイクル**と呼ぶ.

乗法的なクザンの問題　乗法的コサイクル $\{u_{jk}\}$ に対し,零点を持たない $\mathcal{O}(U_j)$ の元から成る関数系 $\{u_j\}$ で,$U_j \cap U_k$ 上で $u_{jk} = \dfrac{u_j}{u_k}$ をみたすものが存在するか.

このような u_j が存在するとき,「乗法的なクザンの問題は $\{u_{jk}\}$ に対して解析的に解ける」,または単に「u_{jk} は解ける」と言います.

これと並行して,**加法的コサイクル** $\{w_{jk}\}$ というものを定義3.6と同様に,しかし関数系 $w_{jk} \in \mathcal{O}(U_j \cap U_k)$ には零点の条件はつけず,隣接関数間の関係を
$$U_j \cap U_k \cap U_l \text{ 上で } w_{jk} + w_{kl} = w_{jl}$$
として定義します.

加法的なクザンの問題　加法的コサイクル $\{w_{jk}\}$ に対し,$\mathcal{O}(U_j)$ の元からなる関数系 $\{w_j\}$ で,$U_j \cap U_k$ 上で $w_{jk} = w_k - w_j$ をみたすものが存在するか.

「w_{jk} が解ける」の意味も乗法的な問題の場合と同様です.平

面領域上ではクザンの問題は両方とも常に解けます．その結果として定理 3.12 と定理 3.13 があるわけです．一般に，乗法的なクザンの問題が解ける領域上では零点を与えて正則関数が作れ，加法的なクザンの問題が解ける領域上では，極を与えて有理型関数が作れます．ただし**有理型関数の極**とは多変数の場合，関数を局所的に互いに素な正則関数の比として表したときに分母が 0 になる点の集合をいいます．一変数の場合の定義をそのまま拡張しようとすると，多変数の正則関数は孤立特異点を持たない（定理 3.5）ので変なことになります．また「極を与えて」は，正確には「有理型関数系 $\{g_j\}$ で $g_j - g_k$ が加法的コサイクルになるものを与えて」という意味です．$\{g_j\}$ は一変数の場合の「主要部」に相当します．

このような言葉でクザンの結果をまとめて述べると次のようになります．

定理 3.14　C 内の領域 $D_1, D_2, \cdots, D_n$ に対し，

1) $D_1 \times D_2 \times \cdots \times D_n$ 上で加法的なクザンの問題は常に解ける．
2) 高々一つの例外を除いて D_j が単連結ならば，$D_1 \times D_2 \times \cdots \times D_n$ 上で乗法的なクザンの問題は常に解ける．

---

2) で単連結性の仮定をはずすと反例があります[34]. 例えば $C^* = C - \{0\}$ とおくとき $C^* \times C^*$ 上でのポアンカレの問題は, $\wp\left(\log\dfrac{z}{w^i}\right)$ に対しては解けません (ただし $\wp$ は周期が $2\pi(Z + iZ)$ の $\wp$ 関数).

定理 3.14 の証明のアイディア: C 内に長方形 K_1, K_2 があり, $K_1 \cap K_2$ の近傍上で f が正則だとすると, $K_1 \cap K_2$ を左回りに囲む積分路 C に沿って $\dfrac{1}{2\pi i} \dfrac{f(\zeta)d\zeta}{\zeta - z}$ を積分すると, $z \in K_1 \cap K_2$ のときは $f(z)$ になる (コーシーの積分公式).

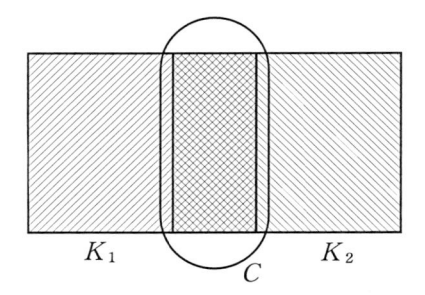

この積分路 C を K_1 を通る側 C_1 と K_2 を通る側 C_2 に分け,

$$f_k(z) = \frac{1}{2\pi i} \int_{C_k} f(\zeta) \frac{d\zeta}{\zeta - z} \quad (k = 1, 2)$$

とおくと, $f_k(z)$ は $C - C_k$ 上で正則で $f(z) = f_1(z) + f_2(z)$ ($z \in K_1 \cap K_2$). この分解法を一般化すれば直積領域上で加法的なクザンの問題が解ける. 乗法的なクザンの問題は, 対数を

---

[34] Gronwall, T. H., Amer. Math. Soc. Trans. Bd. 18 (1917), 50-64.

とって加法的な問題に直す. □

　第2節で述べたように，一般領域上の問題を直積領域上の問題に帰着させるため，岡は拡張問題（問題 I）と加法的なクザンの問題（問題 II）を順位の低い方から二本立てで解いて行きました．その概略は以下の通りです．

　問題 I ⇒ 問題 II : $D = D_1 \cup D_2$ であり，D は $\boldsymbol{D}$ に埋め込まれており，その対応で $D_1 \cap D_2$ は $\delta \times \boldsymbol{D}^{N-1} (\delta \subset \boldsymbol{D})$ に埋め込まれているとする．このとき $D_1 \cap D_2$ 上の正則関数は $\delta \times \boldsymbol{D}^{N-1}$ まで正則に拡張でき，従って定理3.14により $D' \times \boldsymbol{D}^{N-1}$ 上の正則関数と $D'' \times \boldsymbol{D}^{N-1}$ 上の正則関数との和に分解する（ただし $D' \cap D'' = \delta$）．これらを各々（埋め込まれた）D_1 と D_2 に制限すればよい．

　実際には $\boldsymbol{D}^N$ ではなく順位の低い領域から帰納的にこの議論を適用して行きます．次についてもこの事情は同様です．

　問題 II ⇒ 問題 I : $\boldsymbol{D}^N$ に D が埋め込まれていて，$D = \{z \in \boldsymbol{D}^N ; f(z) = 0\}$ $(f \in \mathcal{O}(\boldsymbol{D}^N))$ と書けているとする．このとき，$g \in \mathcal{O}(D)$ に対し，g の局所的な拡張を g_j として $u_{jk} = \dfrac{g_j - g_k}{f}$ とおき，$\{u_j\}$ を $\{u_{jk}\}$ の解とすれば，$u_j - u_k = \dfrac{g_j - g_k}{f}$ より $g_j - f u_j$ が g の $\boldsymbol{D}^N$ への拡張となる．

　極めて大ざっぱな説明でしたが，これを近似定理と組み合わせると一般の正則領域上で通用する議論になります．このように，

岡は第一論文と第二論文で，上空移行の原理というそれまでになかった視点から，多重円板に埋め込めるような領域に対してルンゲ型近似定理を導き，かつ加法的なクザンの問題を多重円板上の問題に帰着させて解いたのでした．続く第三論文では乗法的なクザンの問題が解けるための条件が解明され，第四論文では正則凸ではあるが有理凸ではない領域の例が示され，第五論文ではヴェイユの積分公式における仮定を緩めて使いやすくしています．

これらの仕事を生んだ発見の瞬間とその喜びについて，岡は「春宵十話」で次のように語っています．

> ... 考えるともなく考えているうちに，だんだん考えが一つの方向に向いて内容がはっきりしてきた．二時間半ほどこうして座っているうちに，どこをどうやればよいかがすっかりわかった．二時間半といっても呼びさますのに時間がかかっただけで，対象がほうふつとなってからはごくわずかな時間だった．このときはただうれしさでいっぱいで，発見の正しさには全く疑いを持たず，帰りの汽車の中でも数学のことなど何も考えずに，喜びにあふれた心で車窓の外に移り行く風景をながめているばかりだった．
>
> それまでも，またそれ以後も発見の喜びは何度かあったが，こんなに大仕掛なのは初めてだった．私はこの翌年から「多変数解析函数論」という標題で二年に一つぐらいの割合で論文を発表することになるが，第五番目の論文まではこのときに見えたものを元にして書いたものである....

このときの喜びの大きさを，岡は親友の秋月やその弟子の中野茂男[35] (1923-1998) には，「全宇宙が自分を中心に整列したような」と伝えたそうです．これは最高の真理に接した感動を表す率直な言葉でしょうが，自身をスミレに例えたり，リーマンが日本人そっくりだといったり，岡の比喩はいつも極端です．とはいえ，岡の言葉には独特の詩的感興があります．そんな岡には次の歌がよく似合います．

> 見よソロモンの栄耀（えいよう）も
> 野の白百合に及（し）かざるを
> 路傍の花にゆき暮れて
> はてなき夢の姿かな
>
> 第八高等学校寮歌

　まったくの余談ながら，同じ頃，銀河団を安定させているのは（岡ではなく）暗黒物質（ダークマター）であるという説が初めて提出され，当時の天文学者たちを当惑させました[36]．

　次章は第三論文の話です．これは乗法的なクザンの問題が解けるための条件を確定させたもので，トポロジーという「柔らかい」数学に関係しています．この内容を，その発展形と合わせてご紹介したいと思います．

---

[35] 筆者の恩師です．

[36] ヴェラ・ルービン (Vera Rubin) アンドロメダ銀河に暗黒物質を見つけて （パリティ Vol. 22 No. 07 2007-07 栗木瑞穂訳）による．

第四章
岡の原理とその展開

1. トポロジーと岡の原理

　現代数学の花形であるトポロジーは，別名を位相幾何学とも言うように，幾何学の一種です．図形の性質のうち曲げたり伸ばしたりしても変わらないものがトポロジーの対象で，「ゴム膜の幾何学」として紹介されたりもします．これが数学として本格的に研究されだしたのは19世紀の後半になってからで，非ユークリッド幾何学や代数関数論などに導かれてポアンカレがホモロジー論を創始して以来のことです．したがってトポロジーは数学の中では比較的新しい分野であると言えますが，もちろん形というものの本質に関わる重要な分野です．

　歴史的には，トポロジーの嚆矢はオイラーが一筆書きの問題を解いた時とされるようです．確かに，幾つかの曲線を継ぎ合わせてできた図形が一筆書きできるかどうかは，図形の曲げ伸ばしによって変わらない性質です．そしてこれを，長さや角度などとは別種の，形の属性の一つと考えることができます．

　念のため形という言葉を辞書で調べますと，「感覚，特に視覚・触覚でとらえ得る，ものの有様（ただし色は除外）をいう」と書いてあります（広辞苑）．もう少し詳しい話はないかと仏教辞典を引きますと，仏教では眼に見られるものを〈いろ〉と〈かたち〉の2種に分け，〈かたち〉を形色(ぎょうしき)と呼び，それには長・短・方・

円・高・下・正・不正の8種があるとするそうです[1]．長と短，方と円，高と下，正と不正は対をなしています．正(しょう)・不正(ふしょう)は対称・非対称と解せます．

　ブッダの教えから隔たること二千数百年，今日では「眼に見られるもの」の範囲は大きく広がりました．それは自然科学の発達を基礎とした技術の高度化によります．素粒子などの微細な構造からブラックホールや遠い星雲などの巨大な存在に至るまで，多様な観測データが精密に取得できるようになりました．また，聞くところによれば，中性子の回転の測定[2]は物理学の基本原理とされていたハイゼンベルクの不等式を，より精密な式で置き換えることを要請していますし（小澤の不等式[3]），アンドロメダ星雲の星々の運動を解析することによって，宇宙物理学者たちはダークマターの存在を認めざるを得なくなりました[4]．

　感覚世界のこのような拡張の一方で，形の認識に関しても新しい展開がありました．それは連結性すなわち「つながり具合」の発見です．これを8種の形色にならって対語で言えば「連・離」ともいうべきでしょうか．オイラーによる一筆書きの問題の解や多面体定理の発見は，トポロジーの初期の成果としてあまりにも有名ですが，「連結度」の項を含んだ代数関数論の公式（リーマン・ロッホの公式）が知られるようになったことや，多体問題の定性的理論の展開をきっかけに，トポロジーが本格的な数学としての形を整え始めました．非ユークリッド幾何により，幾何学的

---

[1] 仏教辞典（岩波書店）より

[2] 長谷川祐司氏らの実験（2012）

[3] 小澤正直氏の理論（2003）

[4] V.C.Rubin, W.K.Ford: Astrophys. J. 159, 379 (1970).

空間は物理的空間とは分けて考えるべきものであるという認識が一般的になり，これもトポロジーの発達を促しました．

さて，岡の第三論文は乗法的なクザンの問題を扱ったものですが，その内容は複素解析とトポロジーの接点に位置しています．具体的には，ここでは正則関数を作る問題と連続関数を作る問題が，条件次第では同等であることが示されています．例えて言うなら，これは一つの領域が関数たちにとって住み良いところかどうかを，連続関数と解析関数それぞれの立場に立って比較した結果を論じたものです（草の戸も住み替わる代ぞ雛の家　芭蕉）．その意味するところは深遠で，結論はいわゆるカテゴリー的同値性のはしりとも見なせます．定理は関数の存在にかかわるものではありますが，これを「連続解があれば解析解もある」という形で述べたところに新規性がありました．これは後に「岡の原理」の名で呼ばれるようになります．その詳細をまとめるにあたって予期せぬ困難は現れなかったようで，岡は中谷宇吉郎[5]（1900-62）宛の手紙の中で，調子良く論文が仕上がった喜びを，「今一つは此の十一月に入ってからやった仕事で之は非常に巧く出来上がりました」と伝えています．

岡の原理を乗法的なクザンの問題に即して述べるなら，次のようにあっけないものです．

---

[5] 雪の研究で有名な物理学者．弟で考古学者の中谷治宇二郎（1902-36）は岡の大の親友であったが病のため早世した．上空移行の原理の発見は，岡が中谷宇吉郎の招きで札幌に滞在中のこと．

定理 4.1 C^n の正則領域 D とその開被覆 $\mathcal{U} = \{U_j\}$，および $\mathcal{U}$ に付随する乗法的コサイクル $\{u_{jk}\}$ に対し，次は同値である．
1) $\{u_{jk}\}$ は解ける．
2) $\{u_{jk}\}$ は連続的に解ける，すなわち零点を持たない連続関数系 $\{\varphi_j\}$ ($\varphi_j \in C^{U_j}$) があって，$u_{jk} = \dfrac{\varphi_j}{\varphi_k}$ ($U_j \cap U_k$ 上で) となる．

第三論文の表現はもう少し具体的です．つまり主定理はあくまで零点を与えて正則関数を作る問題の解です．1944 年の研究報告の中ではこれは次のように説明されています．

． ． ． Cousin ノ第二問題[6] ニ就イテ第三報告デ述ベタコトヲ想起シマセウ．此ノ報告ハ，Cousin ノ第二問題ヲ，解析函数ノ分野ヨリ外ニ出テ，連続函数ノ分野ニ立ツテ観察シタ結果ヲ記録シタモノデス．主定理ハ次ノ通リデシタ：

a ── 単葉有限正則域[7] ニ解析的零点ガ分布セラレタ時[8]，若シソレニ就イテ非解析解ガアルナラバ，必ズ解析解モアル．

岡潔先生遺稿集第二集より

---

[6] 乗法的なクザンの問題を岡はこう呼んだ．

[7] 正則領域のこと

[8] 領域 D 上に解析的零点が分布せられるとは，D の開被覆 $\{U_j\}$ と $f_j \in \mathcal{O}(U_j)$ で，$U_j \cap U_k (\neq \emptyset)$ 上で $f_j = f_k u_{jk}$，$u_{jk}^{-1}(0) = \emptyset$ をみたすものが与えられることをいう．

「連続函数ノ分野」をトポロジーと解せば，岡の視線がここでは複素関数論とトポロジーの関係に注がれていることがわかります．そこで私たちも一旦は解析関数を離れ，しばらくの間トポロジーの世界に遊んでみることにしましょう．

2. ホモトピー

今日の数学の眼で「形色」を詳しく見るなら，長短の区別は**距離**の大小で，方円は**曲率**で，高下は**測度**で，正不正は**群**で測れます．距離，曲率，測度，群はいずれも数学の基礎概念ですが，トポロジーの話をする前に距離について少し詳しく述べておきましょう．

集合 X 上の距離とは以下の三つの条件をみたす関数 $\rho: X \times X \longrightarrow R$ をいいます．

(4.1) $\rho(x,y) \geqq 0$ であり，$\rho(x,y) = 0 \Leftrightarrow x = y$.   (正値性)

(4.2) $\rho(x,y) = \rho(y,x)$ (対称性)

(4.3) $\rho(x,y) + \rho(y,z) \geqq \rho(x,z)$ (三角不等式)

集合とその上の距離を合わせて考えたものを**距離空間**といいます．C^n にユークリッド距離をつけて考えたものは距離空間の古典的な例ですが，地下鉄の駅の集合を X とし，x から y までの最小運賃（ただし途中下車なし）を $\rho(x,y)$ としても距離空間ができます．距離空間 (X, ρ) に対し，X の部分集合は ρ の制限に関して距離空間になります．二つの距離空間 $(X, \rho), (Y, \tau)$ があるとき，直積集合 $X \times Y$ 上の関数 ω を

(4.4)　　$\omega((x,y),(x',y')) = \max\{\rho(x,x'),\ \tau(y,y')\}$

によって定めれば距離空間 $(X \times Y, \omega)$ ができます．地下鉄の駅の集合とユークリッド空間の直積にどんな特別な意味があるかはさておきです．ちなみに距離空間の概念を初めて導入したのはフレッシェ (1878–1973) ですが，この人は「春宵十話」に，留学時代の岡に親切にしてくれた教授として登場します．

　長短や方円などと同様，連離に対しても，それを測る物差しが作れます．それらは多様ですが，長短を測る距離に対して正値性，対称性，三角不等式が最低限の要請であるのと同様に，連離の物差しが満たすべき最低条件というものがあります．それは対象が連続的に変形しても測定値が変わらないという**ホモトピー不変性**です．これについて説明するため，まず写像の連続性の概念を，距離空間という比較的簡単な場合に述べましょう．

　距離空間の部分集合に対しても C^n の場合と同様の仕方で開集合や閉集合の概念が定まることはよいでしょう（第一章第 4 節を参照）．特に「局所的に」や「離散集合」などの言葉も自然に拡張されます．

　写像の連続性は次のように定義します．

定義 4.1（連続性）　$(X,\rho), (Y,\tau)$ を距離空間，f は X から Y への写像とする．このとき f が**連続**であるとは，Y の任意の開集合 U の逆像 $f^{-1}(U) = \{x\,;\,f(x) \in U\}$ が X の開集合であることをいう．

　連続性の定義を距離を用いて書くなら，「すべての $x \in X$ に対して

$$\lim_{j\to\infty}\rho(x_j,x)=0 \Longrightarrow \lim_{j\to\infty}\tau(f(x_j),f(x))$$

が成り立つこと」となりますが、この条件は距離の取り方にあまり鋭く依存しません。つまり ρ や τ を取り替えても、そのことによって開集合族が変わるのでなければ f の連続性は影響を受けません。したがって定義 4.1 は連続性の本質をより簡明に表現していると言えるでしょう。この定義を基礎に据えるため開集合族の性質を抽象し、集合 X に対して以下の三つの公理をみたす部分集合族 T を考え、それを X の（一つの）**位相**と呼びます。

1. $T \ni X, \varnothing$

2. $T \ni A, B \Longrightarrow T \ni A \cap B$

3. $T \supset \alpha \Longrightarrow T \ni \bigcup_{A \in \alpha} A$

位相が与えられた集合を**位相空間**と言います。種々の位相空間とそれらの間の連続写像についての数学がトポロジーです。位相空間のことを単に**空間**と言ったりしますが、基本的には距離空間をイメージしています。

ちなみに、C^n 上の多重領域の定義をこの言い方で言うなら次のようになります。

定義 4.2 連結な空間 X から C^n への連続写像 π で局所的に連続な逆写像を持つものがあるとき、組 (X, π) を C^n 上の多重領域という。

さて、空間が連続的に変形するとは、次の意味の**ホモトピー**が存在する事をいいます。

> **定義 4.3**(ホモトピー)　二つの連続写像 $f, g: X \longrightarrow Y$ の間のホモトピーとは，連続写像 $H: X \times [0,1] \longrightarrow Y$ で $H(x, 0) = f(x)$, $H(x, 1) = g(x)$ (x は任意)をみたすものをいう．

f と g の間にホモトピーがあるとき，定義から明らかに，g と f の間にもホモトピーがあります．このとき f と g は**ホモトピー同値**であるといいます．このことを $f \sim g$ で表すことにしますと，

(4.5)　$f \sim f$（反射律）

(4.6)　$f \sim g \Longleftrightarrow g \sim f$（対称律）

(4.7)　$f \sim g$ かつ $g \sim h \Longrightarrow f \sim h$（推移律）

が成り立ちますから，X から Y への連続写像全体を区分けして，互いにホモトピー同値であるもの同士をまとめて考えることができます．f とホモトピー同値な写像全体の集合を f の**ホモトピー類**といいます．

例　$X = \{0\}$, $Y = \{0, 1\}$ とし，$f(0) = 0$, $g(0) = 1$ により $f, g \in Y^X$ を定めると，f と g の間にはホモトピーはありません．しかし f, g を X から区間 $[0, 1]$ への写像と見れば，$H(0, t) = t$ が f, g の間のホモトピーです．

> **定義 4.4**　X から Y への連続写像 f と Y から X への連続写像 g があり，$g \circ f \sim \mathrm{id}_X$ かつ $f \circ g \sim \mathrm{id}_Y$ となるとき，X と Y はホモトピー同値であるという．ただし id_X, id_Y はそれぞれ X, Y 上の恒等写像を表す．

ホモトピー不変性をもつ量としてもっとも簡単なものは，空間の連結成分の個数です．これを一般化したものが**ベッチ数**や**基本群**です．非負整数rに対し，Xの**r次ベッチ数** $b_r=b_r(X)$が定まります．連結成分の個数を 0 次元的な連結度と考えて 0 次ベッチ数と定め，その拡張としてr次元的な連結度を考えたものがb_rです．厳密には，b_rはXのZ係数r次ホモロジー群（$H_r(X,Z)$で表す）のランク（階数），あるいはC係数r次ホモロジー群 $H_r(X,C)$の（C上のベクトル空間としての）次元として定義されます．ホモロジー群の定義は省きますが[9]，たとえば$H_1(X,Z)$なら，ホモトピー同値をサイクルどうしの関係に拡げて作った同値類が加法に関してなす群になります[10]．b_rがすべて有限であり，かつ$b_r \neq 0$であるようなrが有限個であれば，$e(X)=b_0-b_1+\cdots+(-1)^m b_m$は十分大きな$m$に対して一定の有限な値になります．これを$X$の**オイラー数**といいます．$b_r$や$e(X)$はホモトピー不変です．例えば$X$が$g$人乗りの浮き輪の形をした曲面のとき，$b_0=1$, $b_1=2g$, $b_2=1$, $b_r=0$ $(r \geq 3)$であり，したがってオイラー数は$1-2g+1=2-2g$となります．

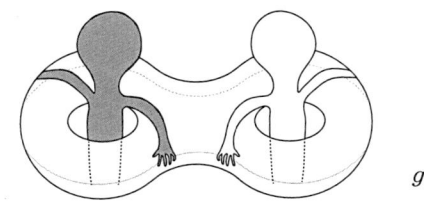

$g=2$

---
[9] ［中岡］または［田村］を参照．
[10] サイクルの定義は第一章と同様．C_1+C_2 と C_2+C_1 はホモトピー同値と考える．

基本群とは，X 内の一点 x を固定しておき，$[0,1]$ から X への連続写像 f で $f(0)=f(1)=x$ をみたすもの全体を区分けして作った，端点 $0, 1$ の像が x であるようなホモトピー類からなる集合です．これは対 (X,x) に対するホモトピー不変性をもちます．要は x を出て x に戻る閉じたループを x を止めたまま連続的に変形するというホモトピー類たちで，これらは互いにつなぐことができ，それを積の演算と思うと群の構造が定まります．数の乗法における 1 に相当するのが定値写像（のホモトピー類）で，逆数にあたるのが向きを反対にしたループです．

ベッチ数やオイラー数の概念をホモロジー群の理論の枠組みで基礎づけ，基本群を新たに導入し，力学系などの新しい数学の原動力にしようと企てたのがポアンカレでした．その過程でポアンカレは空間概念そのものに対して根本的な省察を加え，3 次元球面のトポロジー的特徴づけに関する一つの予想を提出しました（ポアンカレ予想）．この予想を特別な場合として含むサーストン（1946-2012）の幾何化予想がペレルマン（1966- ）によって解決されたことは，まだ記憶に新しい出来事です．ペレルマンの仕事は，連続な変形の途中でバブルが生ずるような拡張された意味のホモトピーを，微分幾何学の手法で解析したものでした[11]．これは非常に深い研究ですが，トポロジーのアイディアの特徴はその広さにもあります．クイレン（1940-2011）はホモトピー同値の考えをより広い範囲に適用する目的で，**モデル圏**の理論を提唱し

---

[11] 詳しくは，たとえば「リッチフローと幾何化予想」小林亮一著 培風館（2011）を参照．

ました．これを解説した最近の本[12]によると，トポロジーの基本的な視点は次の三つで，これらは1950年代になってから明確になったのだそうです．

- 本質的な情報を取り出す（不変量による研究）
- 連続的変形（だいたい同じということ）を厳密に扱う
- グローバルな視点（全体を考える）

第三論文が発表されたのが1939年だったことを思うと，これはトポロジーの発展にも貢献したのだろうと想像されます．ちなみに定理4.1を岡の原理と呼んだのはカルタンの弟子のセール(1926-)ですが，セールは代数的トポロジーの研究でも有名です．また，セールと同世代のトム(1923-2002)は微分トポロジーの理論で一世を風靡しましたが，岡の原理のことを「解析学で最も美しい原理」と言ったそうです[13]．

ではそろそろ話を元に戻して，岡の原理についてもっと詳しく述べましょう．

3. 岡の判定法

第三論文の主定理は定理4.1（またはa）で，それが関数の存在条件の本質を突いていることからも原理の名にふさわしいのですが，「連続解」があるための判定条件が示されなければ，単なる問題のすり替えにとどまってしまいます．この論文で岡は一つの

---

[12] 「広がりゆくトポロジーの世界」玉木大著 現代数学社 (2012)
[13] 梶原壌二 「岡潔先生のお仕事」 岩波基礎数学 月報20 (1978)

判定法を示していますが、これがあってこそ「非常に巧く出来上がった」と自賛できたわけです．この方法を記述するため，岡はホモトピーの一種である**掃清可能**[14]の概念を導入しました．それを説明するため，既に述べたこととやや重複しますが定義から始めましょう．

> **定義 4.5** C^n の領域 D の部分集合 Z が**因子**[15]であるとは，D の任意の点 x に対し，x の近傍 U と $\mathcal{O}(U) - \{0\}$ の元 f があって $Z \cap U = \{z \in U ; f(z) = 0\}$ となることをいう．

局所極小定義関数の存在により，因子 Z に対して D の開被覆 $\mathcal{U} = \{U_j\}$ と正則関数系 $f_j \in \mathcal{O}(U_j)$ を，f_j が $U_j \cap Z$ の各点で Z の局所極小定義関数になるようにとれば，乗法的コサイクル $\{\varphi_{jk}\}$ があって $f_j(z) = f_k(z) \varphi_{jk}(z)$ $(z \in U_j \cap U_k)$ が成立します．このような $\{\varphi_{jk}\}$ を **Z に付随する乗法的コサイクル**と呼びます．これは Z を与えれば一意的に定まるものではなく，$\mathcal{U}$ と f_j の与えかたに応じて変わり得ますが，これが解析的に或は連続的に解けるかどうかは D と Z の性質にのみ依存し，$\mathcal{U}$ や f_j にはよりません．Z に付随するこれらのデータに即して，岡は Z の掃清可能性を次のように定義します．

---

[14] 京都大学に提出された報告書では「可掃」となっています．
[15] 正式には「被約因子」．

第四章　岡の原理とその展開

定義 4.6　領域 D 内の因子 Z が掃清可能であるとは，D の開被覆 $\{U_j\}$ と $U_j \times [0,1]$ 上の連続関数 $f_j(z,t)$ $(\alpha \in A)$ があって，以下の 1)〜3) をみたすことをいう．

1) $f_j(z,0) \in \mathcal{O}(U_j)$ かつ $X \cap U_j = \{z \in U ; f_j(z,0) = 0\}$ であり，さらに $f_j(z,1)$ は零点を持たない．

2) $\{(z,t) ; f_j(z,t) = 0\}^\circ = \varnothing$

3) $U_j \cap U_k \neq \varnothing$ ならば $(U_j \cap U_k) \times [0,1]$ 上の零点のない連続関数 $\varphi_{jk}(z,t)$ があって，$f_j(z,t) = f_k(z,t)\varphi_{jk}(z,t)$ が $(U_j \cap U_k) \times [0,1]$ 上で成立する．

平たく言えば，「掃清可能」は「連続的変形によって遠くへ運び去ることができる」ということです．ただしこの場合，境界の近くも「遠く」です．

定理 4.2　領域 D に対し，D 内の因子 Z に付随する乗法的コサイクルが連続的に解けるためには，Z が掃清可能であることが必要かつ十分である．

掃清不能な因子の一例は $\mathbb{C}^* \times \mathbb{C}^*$ 内の $\{z = w^i\}$ $(= \{(z,w) ; z = w^i\})$ です．その理由を簡単に述べますと，これと $\{|z| = |w| = 1\}$ との交わりは一点 $(1,1)$ のみからなり，さらに両者のその点での接平面の交わりは 1 点のみであるので，向きを指定して $\{z = w^i\}$ と $\{|z| = |w| = 1\}$ の交点数を数えたとき，それは $+1$ または -1 になります．ところが $\{z = w^i\}$ が掃清可能だとしますと交点数はホモトピー不変な量なので 0 でなければいけませ

ん．したがって $\{z = w^i\}$ は掃清不能となります．念のため言い添えますが，定理 4.2 においては D が正則領域である必要はありません．つまりこれは純粋にトポロジー的な命題です．岡の報告ではこの部分は次のように書かれています．

　　b —— 多複素変数ノ空間ニ於ケル單葉有限領域内ニ零点ガ分布セラレタトキ，之ヲトル連續函数ガ此ノ領域ニ於イテ存在スル爲ニハ，此ノ零点ノ分布ガ掃清可能デアルコトガ必要且ツ充分デアル．

ちなみに，この報告は「固有集合体の表現」と題されています．固有集合体とは因子を拡げたもので，今日の用語では**解析集合**と言いますが，局所的にいくつかの正則関数の共通零点として表せる集合を言います．岡は解析集合を領域全体で定義された正則関数の共通零点として書く問題を考えました．それが可能であることが D が平面領域の直積の場合に限って示されていますが，この辺のことは第七論文に含まれることになったためもあり，独立した論文としては発表されませんでした．それにしても，クザンの問題の拡張を，クザンの仕事に戻って出発点から検討し直すという態度には，率直に見習うべきものを感じます．

余談ながら，「掃清」という日本語は辞書にはありません．「掃清可能」は第三論文では "balayable" にあたるので，「掃清」は "balayage" になります．これを手元の仏和辞典でひくと「掃除」とだけ書いてあります．岡は後に「掃清」を「清掃」と言い換えています．こちらの方がよい訳かもしれません．数学では本来 balayage は由緒正しい言葉で，領域の境界上に値（例えば 0）を

与えて内部で微分方程式を解く問題の，ポアンカレによる解法に由来します．これに対する訳語は「掃散」が定着していますが（岩波数学辞典第 4 版），「掃散」も手元の国語辞典には載っていません．

さて，定理 4.1 と定理 4.2 により，正則領域上で因子が一つの正則関数で定義されるためのホモトピー的な条件が得られたことになります．因子の Z 係数の線形結合に対しても掃清可能性は自然に拡張されるので，正則関数の零点や有理型関数の極を重複度つきで考えたものに対してもこの条件は意味を持ち，結局は元々あったポアンカレの問題が次の形で解けたことになります．

正則領域上の有理型関数は，その極が掃清可能であるとき，またそのときに限り，局所的に互いに素な二つの正則関数の比として書ける．

このように，幾世代にもわたって少しずつ形を変えながら問い続けられた基本的な問題が，岡理論によって完全な決着を見たわけです．しかし一つの問題の終焉は，新たな問題の誕生を意味します．次節では，岡によるポアンカレの問題の解がどのように一般化されて行ったかをたどってみましょう．（分け入っても分け入っても青い山　種田山頭火）

4. 多様体上の関数論とトポロジー

楕円関数やアーベル関数の理論の基礎である有理型関数についての一般的な問題を，ポアンカレは解決し，さらに一般領域上での拡張を提唱しました．楕円モジュラー関数などの保型関数

の定義域が C ではなく円板だったりすることが，この問いの背景にはありました．クザンは C^n 上の結果を一般の直積領域へと拡張しましたが，それから約 40 年間，誰もその先へは進みませんでした．そこへ岡が登場し，上で述べたように岡の原理を持ち込むことによって正則領域上でこの問題を完全に解決しました．ここから多変数関数論の新しい可能性が広がって行きました．それは次のような問の中にあります．たとえば，岡理論のアイディアは与えられた解析集合が何個の正則関数の共通零点集合として書けるかを教えてくれるでしょうか．また，対称性の高い解析集合は対称性の高い関数の共通零点集合になっているでしょうか．岡理論の一般化にはこのような動機がありますが，特に岡の原理の場合，解析学とトポロジーの関連性に関わるという意味で，領域上だけでなくもっと一般の空間上で考える意味があります．そのような試みの初期の例はシュタイン (1913–2000) によるものです．シュタインの理論について述べるため，**複素多様体**の定義から始めましょう．

定義 4.7 （距離）空間 X に対し，その開被覆 $\mathcal{U} = \{U_j\}_{j \in I}$ および C^n の領域 D_j ($j \in I$) からの全単射[16]連続写像 $\varphi_j : D_j \longrightarrow U_j$ ($j \in I$) があって，$U_j \cap U_k \neq \emptyset$ のとき $\varphi_j^{-1} \circ \varphi_k$ が $\varphi_k^{-1}(U_j \cap U_k)$ 上で正則であるとする．このとき対 (U_j, φ_j^{-1}) を X の**局所座標**（チャート）といい，集合 $\{(U_j, \varphi_j^{-1})\}$ を X の**局所座標系**（アトラス）という．このような局所座標系で包

---

[16] 全単射＝全射かつ単射

含関係に関し極大なものを一つ備えた空間 X を複素多様体という．n を X の次元といい $\dim X$ で表す．$\varphi_j^{-1} \circ \varphi_k$ を **座標変換** と呼ぶ．

領域や多重領域が自明な意味で複素多様体であることはよいでしょう．チャートやアトラスという言葉から想像できるように，通常の球面にも複素多様体の構造が入ります（下図を参照）．

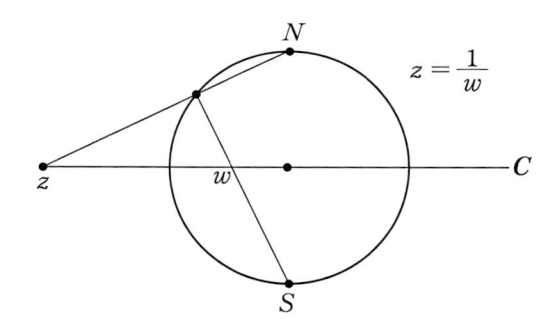

定義 4.8 複素多様体 X, Y に対し X から Y への連続写像 f が正則写像であるとは，任意の $x \in X$ および X のチャート (U, α) と Y のチャート (V, β) で $x \in U$ かつ $f(x) \in V$ をみたすものに対し，$\beta^{-1} \circ f \circ \alpha$ が $\alpha^{-1}(U \cap f^{-1}(V))$ 上で正則であることをいう．

つまり，局所座標で書いた時に正則になる写像を正則写像といいます．X 上の正則関数や有理型関数，さらに因子についても同様です．複素多様体上ではポアンカレの問題が意味を持ちますが，定数以外に正則関数がない複素多様体もあるので，関数論として意味のある結果を得るには多様体に適当な条件をつけて考える必要があります．例えば無限離散集合を含む複素多

様体 (**開複素多様体**) とそうでないもの (**コンパクトな複素多様体**) があり，連結かつコンパクトな複素多様体上には定値関数以外の正則関数はありません (最大値の原理より). そこでシュタインはカルタン・トゥレンの正則凸性を開複素多様体まで拡げ，その中で岡の原理が成立するものを模索した結果，一定のクラスの多様体に到達しました (1951). シュタインの定義には条件に多少の重複がありましたが，それを後にグラウエルト (1930-2010, ベンケの弟子) が次のように整理しました．

> **定義 4.9** X の任意の離散集合 Γ に対し X 上の正則関数で Γ を C の離散集合に一対一に写像するようなものがあるとき，X は**シュタイン多様体**であるという．

シュタインが示したのは，「正則領域」を「シュタイン多様体」に置き換えても定理 4.1 は成立するということです．1 次元の連結な開複素多様体がすべてシュタイン多様体であることは，以前にベンケ・シュタインの論文 (1948) で示されていました．

ちなみにシュタイン多様体の命名者はカルタンです．カルタンは正則関数のイデアルの理論を基礎づけようとしていましたが，岡の連接性定理がその根本問題の解であることを理解し，かつ第七論文で提出された不定域イデアルの概念がルレイ (1906-98) による層の概念と同種のものであることを見抜きました．その結果，シュタインの論文が出た後，カルタンは連接性定理の帰結をシュタイン多様体上の**層係数コホモロジー論**として明快に記述しました (カルタンの定理 A, B). その際，カルタンの弟子であったセールの提案により，加法的なクザンの問題はベッチ数と同様な仕方で高次のクザンの問題へと一般化されました．これについては第 6 章でもう少し詳しく述べますが，カルタンとセー

第四章 岡の原理とその展開

ルがこの理論を発表した時のことを，レンメルトは「唖然とした (dumb-founded) 聴衆に向かって，いわゆるシュタイン多様体の定理 A と B へと集約される『層に基礎づけられた関数論』を発表した．」と記しています[17]．

一方，定理4.2と同様な命題は一般の複素多様体上でも成立するわけですが，「掃清可能性」をさらにトポロジー的に弱い条件で置き換えることが可能です．シュタインはそれを交点数を用いて述べましたが，今日の一般的な言い方で言えば「Z のチャーン類[18]が 0」となります．

シュタイン多様体の構造に関してはレンメルトやグロモフ (1943-) らによる次の埋め込み定理が基本的です．

定理4.3　n 次元のシュタイン多様体は，C^N 内のある閉部分多様体[19]と双正則同値[20]である．ただし $n=1$ のとき $N=3$，$n \geqq 2$ のときは $N = \left[\dfrac{3n}{2}\right]+1$ とする．

---

[17] Grauert, H. and Remmert, R., Coherent analytic sheaves, Grundlehren der Mathematischen Wissenschften, Springer, 1984.

[18] Z に付随する乗法的コサイクル $\{u_{jk}\}$ （ただし U_j や $U_j \cap U_k$ は一点とホモトピー同値）に対し，整数の集合 $\{(2\pi i)^{-1}(\log u_{jk} + \log u_{kl} + \log u_{lj})\}$ で代表される 2 次コホモロジー群 $H^2(X, \boldsymbol{Z})$ の元．

[19] n 次元複素多様体 A の部分集合 B が部分多様体 $\Leftrightarrow B$ の各点 x に対し，A のチャート (U, ψ) と非負整数 $k \leqq n$ があって，$\psi(B \cap U) = \{z \in \psi(U); z_1 = z_2 = \cdots = z_k = 0\}$．

[20] X と Y が双正則同値 $\Leftrightarrow X$ から Y への全単射正則写像が存在する．結果の証明などの詳細に関しては "Forstnerič, F., Stein manifolds and holomorphic mappings — the homotopy principle in complex analysis, Springer, 2011" を参照．

結局，シュタイン多様体とは複素数空間の閉部分多様体に他なりません．よってこれらは上空移行の原理が働くような複素多様体のクラスとして自然なものになっています．ちなみに，$n \geqq 2$ のとき $\left[\dfrac{3n}{2}\right]+1$ は N の値としては最良ですが，$n=1$ のとき $N=2$ でよいかどうかは有名な未解決問題です．

　複素多様体の定義において，$\mathbb{C}^n$ を $\mathbb{R}^m$ に置き換え，座標変換 $\varphi_j^{-1} \circ \varphi_k$ の正則性を連続性に緩めたものを位相多様体といいます．ポアンカレが建設したのは位相多様体上のホモロジー理論だったわけですが，そもそも多様体の概念が初めて登場したのは，リーマンの講演「幾何学の基礎をなす仮説について」(1854) においてでした．これはガウスの曲面論の一般化であり，後にアインシュタイン (1879-1955) が一般相対性理論を定式化する際に役立った考えです．この多様体は，ユークリッド空間に近い距離空間の構造を備えたもので，リーマン多様体と呼ばれています．

　複素多様体については多少の紆余曲折があります．発端は 1913 年に出版されたワイルの「リーマン面の概念」で，1 次元に限ってとはいえ，上と同様に領域を貼り合わせたものとして複素多様体が定義されました．リーマン面とは 1 次元の複素多様体のことです．ワイルはこのリーマン面というものを，解析関数 (一変数の有理型関数) の自然な定義域と見なし，リーマン面上の基本関係式とも言うべきリーマン・ロッホの公式を，解析的方法で示しています．ちなみに，この手法はポテンシャル論と呼ばれ，遠くラプラス (1749-1827) に起源を持ちます．一変数の正則関数 $f(z)$ を二つの実数値関数 $u(z), v(z)$ を用いて $f(z)=u(z)+iv(z)$ と書き，$z=x+iy$ によって u,v を実二変数の関数と見たとき，コーシー・リーマンの関係式

$$\frac{\partial u}{\partial x} = \frac{\partial v}{\partial y}, \quad \frac{\partial u}{\partial y} = -\frac{\partial v}{\partial x}$$

を得ますが,これらをさらに微分すると

$$\frac{\partial^2 u}{\partial x^2} + \frac{\partial^2 u}{\partial y^2} = 0, \quad \frac{\partial^2 v}{\partial x^2} + \frac{\partial^2 v}{\partial y^2} = 0$$

が導けます.一般に,微分方程式 $\frac{\partial^2 \varphi}{\partial x^2} + \frac{\partial^2 \varphi}{\partial y^2} = 0$ の解を**調和関数**といいます.この方程式は数理物理学でよく用いられる**ラプラス方程式**の特別な場合です.ポアンカレは数理物理学への洞察から,偏微分方程式を一般領域上で,しかも境界条件を様々に変えながら考え,解の存在と一意性に関する厳密な理論を建設することが重要であると述べました.この種の問題をディリクレ問題といいます.リーマンの写像定理はその解の一例ですが,ここで数学はしばらく足踏みをしました.なぜならリーマンの論文では,ディリクレ(1805–59)が提唱した変分原理により物理現象になぞらえて解を記述することはできたものの,ワイアシュトラスが指摘したように(第二章),厳密性においては不十分だったからです.しかしヒルベルトらによって関数解析的な手法による変分原理が確立された後,ワイルの本ではラプラス方程式に対するディリクレ問題がリーマン面上で完璧に解かれています.ワイルの本は名著でありその影響は大きかったのですが,その方法の適用範囲は一変数の関数に留まっていました.シュタイン多様体上の関数論が緒に就いたのは,その40年後だったというわけです.ちなみに,高次元の複素多様体論をはじめて提唱したのは,カラテオドリー(1873–1950)だったようで,これは1932年のICM講演でのことでした.その背景にはポアンカレによる多次元領域の双正則自己同型群の

研究や，相対性理論におけるアインシュタイン方程式があります．ポテンシャル論はその名の通り，ニュートンポテンシャルなどの物理的内容を持つ関数を中心に展開されてきました．そもそもポテンシャルという言葉も，力学と電磁気学が同じ数学的形式で記述できることからガウスによって導入されたものです．しかし20世紀に入ってからディリクレ問題の解を厳密に基礎づける有効な方法として整備された関数解析学の枠組みの中で，ワイルが新たに導入した**直交射影の方法**[21]によりポテンシャル論は大きく変貌を遂げ，複素多様体論を本格的に展開する原動力になりました．これはまず，レフシェッツ (1884-1972) による代数多様体のトポロジーの研究 (1927) を受けたホッジ (1903-75) の理論で応用されました (1940)．ホッジの理論の中で，コンパクトな代数多様体の奇数次ベッチ数が偶数であるという発見は特に有名ですが，これは任意のコホモロジー類が調和形式によって一意的に代表されるという，ホッジの名を冠して呼ばれる定理の系になります．ここからの展開もめざましく，小平邦彦 (1915-97) はリーマン多様体上のポテンシャル論を建設し (1944)，それをふまえてワイルの理論を任意次元のコンパクトな複素多様体上へと拡張しました (1953)．多様体上の関数論としては，小平の理論はシュタイン多様体上のカルタン理論と好一対をなしています．小平はさらにリーマン・ロッホの公式を2次元の場合に拡張しそれを用いてコンパクトな2次元複素多様体を分類しました．一般次元への拡張には，代数多様体の場合はヒルツェブルッフ (1927-2012) が，一般の場合はアティヤ (1929-) と

---

[21] C. リード著（彌永 健一 訳）ヒルベルト —— 現代数学の巨峰 (2010, 岩波現代文庫) が詳しい．

シンガー(1924-)が成功しました．後者の結果は有名な**アティヤ・シンガーの指数定理**で，これはその後さらに一般化され，ガウスが「比類なく優美な定理」と自賛した曲面論の定理の見事な高次元版となっています．今日，複素多様体論は現代物理学の最先端の課題と相携えて発展し続けており，ミラー対称性などの興味深い現象は，今日の数理物理学者たちに新しい数学の原理を夢想させているようです．

さて岡の原理の話に戻りますと，シュタイン多様体上では岡の原理の種々の一般化や変形版が研究されています．これらは，基本的には複素多様体のカテゴリー[22]と位相多様体のカテゴリーのホモトピー的同値性についてのもので，たとえばシュタイン多様体 X から複素多様体 Y への正則写像 f, g が連続写像としてホモトピー同値であるとき，f と g を正則写像だけからなるホモトピーでつなげるかなどが問題になります．このようなことが任意のシュタイン多様体 X に対して可能な Y のクラスがあります[23]．例えば C や C^*，より一般に複素リー群や等質空間などはこのクラスに属します．これについてはモデル圏の視点からも興味深い結果が得られています[24]．

---

[22] カテゴリー (= 圏)：数学的な対象 (object) の範囲が一つ定められ，その中の任意の X, Y に対して X から Y への射 (morphism) と呼ばれるものの集合が指定され，射について通常の写像が持ついくつかの性質を公理として要請したものをいう．詳しくは岩波数学辞典第4版を参照．

[23] F. Forstnerič, Oka manifolds, C. R. Math. Acad. Sci. Paris 347 (2009), 1017-20.

[24] F. Larusson, Model structures and the Oka principle, J. Pure Appl. Algebra 192 (2004), 203-223.

このような展開の元になったのはグラウエルトの理論でした．これはカルタンが**岡・グラウエルトの原理**と呼ぶくらい立派なものなので，これについて少し詳しく述べたいと思います．そのため，乗法的なクザンの問題をベクトル束の同値性の問題として言い換えておきましょう．

定義 4.10 n 次元複素多様体 X 上の**階数**（ランク）が r の**正則ベクトル束**とは，$(n+r)$ 次元の複素多様体 E と正則写像 $\pi: E \longrightarrow X$ の組で以下の条件をみたすものをいう．

(4.8) X の各点 x に対し，x の近傍 U_x および $\pi^{-1}(U_x)$ 上の C^r 値正則関数 f_x があり，$\pi^{-1}(U_x)$ から $U_x \times C^r$ への写像 $\pi \times f_x (p \to (\pi(p), f_x(p)))$ は全単射であって，かつ $U_x \cap U_y \neq \emptyset$ ならば $f_x \circ f_y^{-1}$ は $\{y\} \times C^r$ 上で線形である．

$\pi \times f_x$ を X の**局所自明化**と呼びます．$\pi^{-1}(x)$ を x 上のファイバーといい E_x で表します．E_x には局所自明化を用いてベクトル空間の構造が入ります．要するに，複素多様体に沿ってベクトル空間を正則に走らせたものが正則ベクトル束です．

$X \times C^r$ は自明な意味で正則ベクトル束になります．これを**自明束**と呼びます．X 上に二つの正則ベクトル束 E, F があるとき，E から F への正則写像 h が**束写像**であるとは，h が E のファイバーを F のファイバー内に，像の次元が X の点によらずに一定になるように線形に写像することをいいます．束写像 h が全単射であるとき，h は**束同型**であるといいます．E と F の間に束同型があるとき，E と F は**同型**であるといいます．階数

が1の正則ベクトル束を**正則直線束**といいます．位相多様体上の連続ベクトル束についても連続写像に関して束写像，束同型等の概念が定まります．

複素多様体 X 上の解析的な乗法的コサイクル $\{u_{jk}\}$ に対し，$\{u_{jk}\}$ を定義する開被覆 $\mathcal{U}$ に属する開集合 U_j 一つ一つに対して直積 $U_j \times C$ を考え，それらを二つずつ，「のりしろ」$U_j \cap U_k \times C$ に沿って対応 $(x, u_{jk}\zeta_k)(\in U_j \times C) \longleftrightarrow (x, \zeta_k)(\in U_k \times C)$ で貼り合わせたものは，自然に X 上の正則直線束の構造を持ちます．この正則直線束が自明束と同型であることは，$\{u_{jk}\}$ が解けるということと同値です．つまり定理4.1を，「正則領域上の正則直線束が自明束に同型であるためには，連続直線束としてそうであることが必要かつ十分である」と読み替えることができます．グラウエルトの理論 (1957) はこれを階数の高い場合に一般化したものですが，次に述べるように非常に徹底したものです．

定理4.4 任意のシュタイン多様体 X に対して以下が成立する．
1) X 上の任意の連続ベクトル束は正則ベクトル束に（連続に）同型である．
2) X 上の二つの正則ベクトル束が連続ベクトル束として同型なら，正則ベクトル束としても同型である．

岡の原理は2)の系になっています．ちなみにカテゴリー的同値性の観点からすれば，1) と 2) をまとめて「$\mathrm{Vect}_{\mathrm{holo}}(X) \cong \mathrm{Vect}_{\mathrm{top}}(X)$」と短く書くこともできます．ここで $\mathrm{Vect}_{\mathrm{holo}}(X)$ 上の正則ベクトル束の同型類の集合，$\mathrm{Vect}_{\mathrm{top}}(X)$ は連続ベクトル

束の同型類の集合です．

グラウエルトが岡理論を一般化した仕事は他にも多く，それらは1950年代後半からの約二十年間，多変数関数論の展開をリードしました．かつてインドのタタ研究所で多変数関数論の研究集会があった際，グラウエルトと何日も同じホテルで朝食を共にした日本人数学者がいました．それは河合良一郎[25]（1925-2014，河合十太郎の孫）でしたが，ある日グラウエルトは河合先生に向かって「私が今日あるのは岡の仕事があったからだ」と言ったそうです．この後グラウエルトはゲッチンゲンに戻り，ジーゲル[26]（1896-1981）の後任として数学研究所の所長になりましたが，おそらくはこのような縁で多くの日本の若手数学者たちがゲッチンゲンに滞在して研究をする機会に恵まれました．その中には多田稔氏（1953-96）のようにグラウエルトの元で学位を取った人もいます．筆者は多田氏の留学中にゲッチンゲンに1年4ヶ月の間滞在し，グラウエルト理論にヒントを得て学位論文を書くことができました．小さなものですが，これも岡理論の展開の一例と思って頂ければ幸いです．筆者は残念ながら岡大先生の謦咳に触れる機会はなかったのですが，折りにふれて耳にすることができたグラウエルト教授の言葉の数々は，筆者の貴重な財産です．

さて，定理4.4は定理4.1の一般化としてはたいへん良いのですが，これだけでは一般化されたクザンの問題の解としては不十分です．つまり，正則関数の零点集合を因子の中で特徴づけ

---

[25] 内分岐領域の局所問題（第二章）で成果を挙げた．
[26] Carl Ludwig Siegel 専門は解析的整数論．L 関数の「ジーゲルの零点」は特に有名．

る問題を一般化して考えるとすれば，岡が報告書で述べたようにベクトル値の正則関数の零点集合の特徴づけを目指したくなるわけです．ここで明敏な読者は先回りしてこう思われるかもしれません．「定理 4.4 が定理 4.1 のベクトル値関数に対する一般化なのだから，定理 4.2 を一般化するだけで十分なのではなかろうか」と．ところがここには端倪すべからざる問題が潜んでいたのです．それを初めて指摘したのはカルタンでした（1940 年の論文）．カルタンが示したのは，C^3 内の多重円板 D^3 上の二つの C^2 値正則関数 f, g で，局所的には行列値の正則関数 A, B によって $f = Ag$, $g = Bf$ と関係づけられるにもかかわらず，D^3 上ではこのような関係が存在しないような例でした．このことは，解析的零点の分布をベクトル値の関数にまで拡げて考えたとき，新しいタイプの問題が現れることを意味しています．つまり領域 D の部分集合で局所的に C^r 値の正則関数の零点として書けるものに対し，それが D 全体で定義された C^r 値の正則関数の零点集合になるかを問題にしたとき，因子の場合と違って付随する行列値の乗法的コサイクルというものが自然には定まりません．これはベクトル値関数の成分の間に関係式があるからですが，まさにその関係式についての考察が岡を連接性定理へと導いたのでした．これで定理 4.1 がすぐ一般化されたわけではありませんが，加法的なクザンの問題については理論が一挙に深まりました．カルタンは岡の論文をふまえてこれをシュタイン多様体上で定式化したというわけです．グラウエルトによって定理 4.4 が示された後，乗法的なクザンの問題の方も，カルタンの層係数コホモロジー理論もふまえつつ，おそらくは岡が望んだであろう

形で一般化されました[27].

ちなみに次の定理はこの仕事の延長上にあるものの一つです.

> **定理4.5** [28] C^3 の 1 次元閉部分多様体 X がベクトル値多項式の零点集合であれば,C^3 上の C^2 値正則関数 $F(z)$ で次を満たすものがある.
> 1) $F^{-1}(0) = X$.
> 2) $\sup\left\{\dfrac{\log\log(\|F(z)\|+1)}{\log\|z\|}; \|z\|>2\right\} < \infty$. (増大度の条件)

このように,上空移行の原理の発見に始まったクザンの問題をめぐる研究が,岡の原理と連接性定理の確立を経て大団円へと収束し,その地点からさらに関数論の新たな小宇宙が垣間見えています.これだけでも岡の偉大さを語るには十分でしょうが,それでもまだ岡の業績を半分しか語ったことになりません.というのも,岡は第一論文の冒頭で予告した通り「F. ハルトークス氏の凸性と H. カルタン・P. トゥレン両氏の凸性の関係」をも解明したのです.この仕事は連接性定理とはかなり趣を異にするもので,しかも同時代の有力な数学者たちが有力な手掛かりを持てないままであった難問の解決でした.ジーゲルが遥々ドイツから来日して岡に面会した日,案内のため出迎えた河合先生に向かっ

---

[27] Forster, O. and Ramspott, K., Analytische Modulgarben und Endromisbündel, Invent. Math. 2 (1966), 145–170.

[28] Forster, O. and Ohsawa, T., Complete intersections with growth conditions, Algebraic geometry, Sendai, 1985, 91–104, Adv. Stud. Pure Math., 10, North-Holland, Amsterdam, 1987.

て「Oka とは数学者の集団の名前かと思っていたよ」と言ったという話がありますが，それを単なるお世辞に終わらせないようなものを岡の仕事は持っています．次章では岡の数学のこの側面に触れてみましょう．

第五章
難問解決は突然に

1. 発見の心理

　すでに第三章で述べたように，ベンケ・トゥレンの総合報告は岡に多変数関数論の中心問題群の所在を知らしめたのでしたが，カルタン・トゥレンによって導入された正則凸性こそ，岡をこれらの難問の解決に導くアリアドネの糸でした．カルタン・トゥレンの論文では C^n の領域について，それらが正則関数の存在域になるということと正則凸であるということの同等性が示されましたが，後者は凸集合というものが半空間の共通部分として表せることの類似として定式化されていますので，より進んで「境界に凹んだところがない」という局所化された意味での凸性の類似である擬凸性と正則凸性の関係が自然な問題になります．これが「F. ハルトークス氏の凸性と H. カルタン・P. トゥレン両氏の凸性の関係」でした．この章の目的は $n=2$ のときにこれを解いた第六論文と，それを $n \geqq 2$ の場合へと一般化した第九論文の紹介ですが，岡は第六論文を書いた時の経験を材料にして数学的発見の心理についても記していますので，まずその話から始めましょう．

　「春宵十話」の中で，岡は様々な発見について，特にその喜びについて多くを語るのですが，そこに至る心理状態に「緊張とそれに続く一種のゆるみ」が共通すると言います．その例としてあがっているのが，第六論文を書いた時の次の体験です．

六番目の論文にかかっていたのは広島文理大をやめて郷里の和歌山県に帰っていたときで，難所にさしかかって苦しんでいるうち，台風が大阪湾に向かったことを新聞で知った．引きしぼった弓のような気持でいたらしく，そのときすぐに荒れ狂う鳴門海峡を船で乗り切ろうと決心し，大阪から福良の方に向かう小さい船に乗った．．．．（中略）[1]

　このあと翌年六月ごろ，昼間は地面に石や棒で書いて考え，夜は子供をつれて谷間でホタルをとっていた．殺すのはかわいそうなので，ホタルをとっては放し，とっては放ししていた．そんな暮らしをしているうちに突然難問が解けてしまった．

岡の分類によれば，発見にはインスピレーション型と情操型という二つの型があり，インスピレーション型は岡にとってこの発見が最後だったそうです．すでに述べたように第一論文の上空移行の原理の発見は極めて大仕掛けなものだったわけですが，第六論文の発見は多変数関数論の最大の難問を解いたものと評価されました．第七論文と第八論文は情操型の発見ということになりますが，これらについては戦争中に考えたがうまく行かず，戦後になって木魚を叩きながらの読経のおつとめの後で発見の瞬間がおとずれたそうです．そのときの様子を岡は「牛乳に酸を入れたときのように」と形容し，境地が進んでものが見やすくなった結果としています．ホタルにせよ木魚にせよ，どちらも発見前の弛緩の例です．

　岡が発見の体験について詳しく語る理由は，ポアンカレが著書

---

[1] この行動の顛末については，高瀬正仁著「評伝岡潔 星の章」が詳しい．

「科学と方法」で提起した「数学上の発見はいかにして起こるか」という問題についても真剣に研究した結果だったようです．ポアンカレはこの問題を心理学における一つの研究課題として提起していますが，その意図は，数学的思索の過程を研究することにより人間精神の本質に触れたいということでした．そう期待する理由としてポアンカレは，数学の研究という精神作用が「それ自身によって，またそれ自身の上にのみはたらく」ように見えることを挙げます．この問題に関しては，おそらくはポアンカレという数学の天才の実例への興味もあって，当時の数学教育の専門誌が統計的な調査を試みましたが，ポアンカレ自身，自己の発見の体験を分析し，数学上の発見を行う際には意識的な努力に続く無意識裏の精神活動というものが重要な働きをすることを指摘しました．ポアンカレが挙げた例はフックス関数と非ユークリッド幾何の関連性の発見で，この話はほとんど「科学と方法」を特徴づけるほど有名です．ポアンカレは数学の仕事を忘れて鉱山学校の旅行に参加していたとき，会話を途切らして馬車の踏段に足を触れた瞬間，別々に用いた二種類の変換が同一のものであることに気付いたのでした．発見の心理への岡の興味はこのような話に触発されたわけでしょうが，ポアンカレがここで発見の喜びに触れていないことには不満を漏らしています．

　近代になってアンリ・ポアンカレーが数学的発見について書いている．すぐれた学者で，エッセイストとしても一流だったが，発見にいたるいきさつなどはこまごまと書いているくせに，かんじんの喜びにはふれていない．
　　　　　　　　　「春宵十話」第七話「宗教と数学」より

141

発見の喜びとは発見の心理の本質にかかわるという指摘でご説ごもっともではありますが，ポアンカレのために弁ずるなら，ポアンカレのこの話はパリの心理学会における講演に基づいたものでした．宗教や倫理関係の集まりで講演したのだったら，ポアンカレも発見の喜びについて語るのにやぶさかではなかったかもしれません．

　ところでポアンカレの話に刺激された数学者は岡の他にもいました．それはアダマール (1865-1963) です．アダマールもこの問題を深く考察し，無意識の働きについてアインシュタインらの例も参考にしてより立ち入った考察を行っています[2]．アダマールの本には 1932 年に心理学の専門誌がこの問題に関する特集を組んだことも紹介されています．今日の科学のメスがどこまでここに切り込んでいるかは知りませんが，認知科学の進歩によって数学上の発見の機構が解明される日もそう遠くないような気がします．その暁には，ポアンカレや岡の自己観察は歴史的なサンプルとして記憶されることでしょう．アダマールは複素解析を応用して素数定理[3]を証明したことでも知られ，「実領域の 2 つの真理を結ぶ最短経路は複素領域を通る．」という名言を残しています．

　ちなみに，ポアンカレの「科学と仮説」，「科学と方法」，「科学の価値」はいずれも示唆するところの多い科学哲学の名作です．これらは今日に至るまで広く読み継がれて来ましたが，岡の世代は特に大きな影響を受けたようです．この時代には，今と違って科

---

[2] J. アダマール著　数学における発明の心理　（伏見 康治, 大塚 益比古, 尾崎 辰之助訳）みすず書房（新装版）2002.

[3] x 以下の素数の総数を $\pi(x)$ とすると $\lim_{x \to \infty} \pi(x) \frac{\log x}{x} = 1$.

学と哲学との間に多くの往来がありました．たとえばポアンカレの義兄の E. ブートルー (1845-1921) は当時のフランスを代表する哲学者で，この人との議論によってポアンカレは偶然現象についての思索を深め，それが多体問題の研究における『カオス』の発見につながったと言われます．我が国の哲学者西田幾多郎 (1870-1945) が「善の研究」を書いたのもこの時代で，岡の友人の秋月は京都大学で西田教授の哲学の講義を聴講したそうです．ポアンカレが「それ自身によって，またそれ自身の上にのみはたらく」という言い回しを用いたことも，おそらくは哲学者キルケゴール (1813-55) の次の有名な文章[4]を意識してのことでしょう．

> 人間は精神である．しかし，精神とは何であるか．精神とは自己である．しかし，自己とは何であるか．自己とは，一つの関係，その関係それ自身に関係する関係である．あるいは，その関係において，その関係がそれ自身に関係するということ，そのことである．自己とは関係そのものではなくして，関係がそれ自身に関係するということなのである．

もちろん岡はお題目をありがたがるだけの薄っぺらな西洋かぶれなどではなく，深い精神文化と最先端の科学を兼ね備えた西洋文化に対して敬意をいだきつつも，少しも臆するところがなかったようです．『日本の文化で数学の研究に役立つものはすべて取り入れよう』という考えから，岡は芭蕉の俳諧を深く研究しました．後には道元の「正法眼蔵」を読み込んだといわれます．実にこれらは多変数関数論の建設に必要な基礎工事であり，特にここ

---

[4] 「死に至る病」の冒頭

から「百の不当の力」が湧いて出たとも考えられますが，ことによると発見における無意識の働きに関わる意味もあるかもしれません．岡が後年，門弟たちに対して「数学をやる前に人間ができていなければいけない」と語ったのは，このような下地作りの大切さをさしていたのではないでしょうか．いずれにせよ，岡が多変数関数論の建設のために芭蕉や道元を必要としたことは，日本の若い世代を大いに勇気づけたはずです．（筆者がその実例です．）

ちなみに岡の英訳論文集の巻頭言の冒頭を，レンメルトはこう書き始めています．

> 「王が国造りをする時は人夫の仕事をせばならぬ[5]．」岡潔は国王であった．彼の王国は多変数関数論であった．彼は難攻不落とされた問題を解いた；彼は同時代人たちが賛嘆した大胆な方法を展開したのである．岡は複素解析に新しい生命を吹き込んだ．

芭蕉や道元を糧として築き上げられた仕事が，ベートーベンの第九交響曲の「歓喜の歌」の作詞で有名なドイツの詩聖の警句で讃えられたことには，一種の感慨を覚えます．これは岡の目指したものが非常に高いレベルの調和であったからでしょう．はるかな土地へと伝わったこの精神を，私たちはぜひとも時代を越えて伝えて行きたいものです．

ではそろそろ第六論文に眼を移し，王者の真の風格に接してみましょう．

---

[5] シラー（1759-1805）の風刺詩集（クセーニエン）より．

2. レビ問題

　第六論文の主結果が「擬凸なら正則凸（ただし2次元）」であることについては既に第三章で述べたので，ここではなぜこれが「難攻不落」であると思われたかや，どこが「突然」解けたかなどについて，なるべく詳しく説明したいと思います．そのために，いわゆるレビ問題というものについて，岡以前の研究の経過を振り返っておきましょう．「擬凸なら正則凸」は岡の言い方では「ハルトークスの逆問題の解」ということになり，それはその通りなのですが，「突然に解けた」のはレビ問題で，これが「逆問題」の核心だったからです．

　レビ問題の歴史はハルトークスが1906年の論文で示した結果（第三章定理3.7）に始まります．この結果は正則領域は凸性に似た形状を持つことを教えてくれますが，1911年にレビ（1883-1917）が発表した定理はさらに精密です．それは滑らかな境界を持つ正則領域についてのもので，この場合に擬凸性を境界の幾何学的な条件で表現するものでした．レビのこの条件を述べるためには実変数が必要なので，少し準備をします．

　C^n の場合と同様に，実 m 変数 $x=(x_1,\cdots,x_m)$ の空間 R^m 内の開集合 U を考え，U 上の連続関数や微分可能な関数を考えます．複素変数の場合と違って，以下の関数族はすべて異なります．

$C^k(U)=\{f\in C^U ; f$ のすべての k 階偏導関数は
　　　　　U 上で存在しかつ連続 $\}$ （ただし k は非負整数）

$$C^\infty(U)=\bigcap_{k=0}^{\infty}C^k(U), \quad C^\omega(U)=\{f\in C^\infty(U); f \text{ は実解析的}\}$$

$$C^k(U, \boldsymbol{R}) = \{ f \in C^k(U) ; f \text{ は実数値} \}$$

$f \in C^1(U)$ のとき，f の**勾配**とはベクトル値関数

$$\nabla f = \left(\frac{\partial f}{\partial x_1}, \cdots, \frac{\partial f}{\partial x_m} \right)$$

をいいます．∇f の代わりに f の**微分**と呼ばれる形式的な和

$$df = \sum_{j=1}^{m} \frac{\partial f}{\partial x_j} dx_j$$

を用いると便利なことがあります．df は**微分形式**と呼ばれる形式的な和 $\sum b_j dx_j (b_j \in C^0(U))$ の特別な場合と考えます．

$\frac{\partial}{\partial x_j}$ は本来，f を x_j で微分するという作用ですが，その作用そのものを一つの対象と見て形式的な和

$$\xi = \sum c_j \left(\frac{\partial}{\partial x_j} \right) \quad (c_j \in C^k(U))$$

を考えます．ξ を U 上の $\boldsymbol{C^k}$ **級複素ベクトル場**といいます．ξ は写像

$$C^\infty(U) \longrightarrow C^k(U)$$
$$\cup \qquad\qquad \cup$$
$$f \quad \longmapsto \sum c_j \frac{\partial f}{\partial x_j}$$

と同一視して考えます．同様に U の点 a に対して写像

$$C^\infty(U) \longrightarrow \boldsymbol{C}$$
$$\cup \qquad\qquad \cup$$
$$f \quad \longmapsto \sum c_j(a) \frac{\partial f}{\partial x_j}(a)$$

を考え，これを a における U の**複素接ベクトル**と呼び，$\zeta|_a$ または ξ_a で表します．$\xi(f)$ は U 上のベクトル値関数 $c = (c_1, \cdots, c_m)$ と f の勾配との積とみなすこともできます．それを df を用いて

$\langle \xi, df \rangle$ で表しておくと,座標を変換した時の計算などに便利です.この a での値を $\langle \xi_a, df \rangle$ でも表します.概念的にも,この式を線形性により拡げて複素接ベクトル場または複素接ベクトルと微分形式との対合(ペアリング)と考えておくと,ある種の条件が述べやすくなります.

> **定義 5.1** R^m の領域 D が C^k **級境界を持つ** とは,∂D の近傍 U と $C^k(U, R)$ の元 r で以下の条件をみたすものが存在することをいう.
> 1) $D \cap U = \{x \in U\,;\, r(x) < 0\}$.
> 2) ∂D 上で ∇r は零点を持たない.
>
> このとき r を D の(または ∂D の)**定義関数**という.

D が C^2 級境界を持つとき,D は滑らかな境界を持つ,またはもっと簡単に D は滑らかであると言うことにします.

さて,C^n 内の滑らかな領域 D に対し,レビの条件はその定義関数の 2 階の偏導関数を使って書けますが,それを述べるため,C^n の座標 $z = (z_1, \cdots, z_n)$ を $z_j = x_j + iy_j$ によって R^{2n} の座標に結びつけ,次の記号を導入します.

$$\overline{z}_j = x_j - iy_j$$

$$\frac{\partial}{\partial z_j} = \frac{1}{2}\frac{\partial}{\partial x_j} - i\frac{\partial}{\partial y_j}$$

$$\frac{\partial}{\partial \overline{z}_j} = \frac{1}{2}\frac{\partial}{\partial x_j} + i\frac{\partial}{\partial y_j}$$

$$\partial f = \sum \frac{\partial f}{\partial z_j} dz_j, \quad dz_j = dx_j + idy_j$$

$$\overline{\partial} f = \sum \frac{\partial f}{\partial \overline{z}_j} d\overline{z}_j, \quad d\overline{z}_j = dx_j - idy_j$$

複素接ベクトル (場) のうち, $\frac{\partial}{\partial z_j}$ の線形結合で書けるものを **(1,0) 型** と言い, $\frac{\partial}{\partial \bar{z}_j}$ の線形結合で書けるものを **(0,1) 型** と言います.

定義 5.2 C^n 内の滑らかな領域 D が**レビの条件**をみたすとは, r を D の定義関数としたとき, ∂D の任意の点 a と, a における (1,0) 型の複素接ベクトル $\xi_a = \sum \xi_j \frac{\partial}{\partial z_j}\big|_a$ で $\langle \xi_a, dr \rangle = 0$ をみたすものに対し,

(5.1) $$\sum_{j,k} \frac{\partial^2 r}{\partial z_j \partial \bar{z}_k}(a) \xi_j \bar{\xi}_k \geqq 0$$

がつねに成立することをいう. 等号成立が $\xi_a = 0$ に限るとき, ∂D は a で**強擬凸**であるという.

これらは幾何学的な凸性の条件を定義関数の微係数を用いて書いたものの複素版になっています. 特に注意すべき点は, これらの条件を複素多様体上で局所座標を用いて書いたとき, 定義関数や局所座標の選び方を変えても同値な条件になることです. 以後,「局所的にハルトークスの意味で擬凸」を「擬凸」と呼んだ手前, レビの条件をみたす領域は**レビ擬凸**であるということにします.

定理 5.1 滑らかな正則領域はレビ擬凸である.

これはレビが 2 次元の場合に示し, クルツォスカが一般次元で示しましたが (1933), そのロジックは次の通りです.

レビ擬凸でない ⇒ 擬凸でない ⇒ 正則領域でない

従って，滑らかな領域に対しては

(5.2)　　　　　存在域 ⇔ 正則凸 ⇒ 擬凸 ⇒ レビ擬凸

ということになります．この逆つまり「レビ擬凸⇒正則凸」が成立するかどうかを問うのが**レビ問題**ですが，最初の頃これには反例があると思われていました．それは $H = \{(z_1, z_2); x_1 = 0, x_2 \geqq 0\}$ とおいたとき領域 $\boldsymbol{C}^2 - H$ がそうだというのですが，これは滑らかな領域ではありません．よって反例にはなっていなかったのですが，驚くべきことに 1912 年に発表されたこの間違いは，1927 年にベンケが指摘するまで 15 年も放置されていました．ベンケは数論で学位を取ってミュンスター大へ赴任したばかりでしたが，当時の数学界のスターの一人であったカラテオドリーの薦めもあって研究分野を多変数関数論に変え，クザン (1895)，ハルトークス (1906)，ポアンカレ (1907)，レビ (1911)，そしてブルーメンタル (1912,「反例」) と読んで行ったのでした．ちなみにポアンカレの 1907 年の論文も有名な仕事で，多次元の領域における等角写像の基本定理に相当する命題が，リーマンが一次元の場合に主張した形では成立しないことをはじめて指摘したことで有名です．端的には 2 次元開球から 2 重円板への全単射正則写像は存在しないということで，この仕事を受けた 1932 年の E. カルタン (1869–1951, H. カルタンの父) の研究は，ファイバー束の視点から開かれた新しい幾何学の典型例です．この幾何学では正則な変換で不変な距離が重要で，その中には一般相対性理論のアインシュタイン方程式をみたすものがあります．カラテオドリーが複素多様体論を提唱したのにはこのような背景があったのですが，何と言っても当時はそれを始めるための道具

立てがあまりにも不足していました．ちなみにカラテオドリーは正則写像論の研究でもベンケや H. カルタンらに影響を与えました．

1927 年以来，ベンケは多変数関数論の研究を続け，トゥレンとの総合報告（1934）以後，シュタインとの共著論文（1939）でレビ問題に肉迫しました．次の定理は第六論文で何度も使われています．

> **定理 5.2** 正則領域の増大列の和集合は正則領域である．

1940 年，ベンケとシュタインは長い論文「多変数関数論における凸性」を著し，レビの問題は複素解析学における最も重要な未解決問題の一つであると記しました．しかし筆者の経験上，論文にそのようなことを書くというのはよほどのことで，半ば捨て鉢な気分がからんでいるようにも感じます．実際，この論文を読んだドイツのある数学者は「彼らは非常に慎重な表現を選んではいるが，（レビ問題の）肯定的な解決というものをほとんど信じていないかのように読める[6]」と書いています．では岡は彼らとどこが違っていたかといいますと，一口に言えばやはり「上空移行」ということになりそうですが，この場合は多変数を多々変数に帰着させたクザンの問題のときとは別の意味においてもです．実際，ハルトークスの逆問題である「擬凸 ⇒ 正則凸」は，上の論理図式（5.2）からだけだと滑らかな領域の場合はレビ問題より簡単なは

---

[6] Lieb, I., Das Levische Problem, Bonner Mathematische Schriften Nr. 387, 2007, pp. 1-34.

ずですが，岡がやったことは，次節で述べますが「擬凸⇒正則凸」を「レビ擬凸⇒正則凸」に帰着させたことになっています．このように通常の常識では考えにくい荒技を岡はいくつも成功させたので，ベンケたちはただ驚嘆するばかりだったというわけでしょう．もっとも岡にしてみれば，すべての可能性を考え抜くという，当然のことをしたまでかもしれません．

3. 皆既擬凸関数

岡がレビ問題をどのようにして解いたかですが，その前にハルトークスの逆問題をレビ問題に帰着させた部分について述べましょう．これは擬凸領域を内部から滑らかなレビ凸領域で近似する問題です．第六論文に初めてその答が書かれたのですが，門弟の西野先生によれば，これはベンケ・トゥレンを読んでから三ヶ月ほどの間になされた研究の一つだそうです[7]．結果は次の主張に含まれます．

定理5.3 $\mathbb{C}^n$ 内の擬凸な領域 D に対し，$C^2(D, \mathbf{R})$ の元 φ で以下の条件をみたすものが存在する．

1) n 次行列 $\dfrac{\partial^2 \varphi}{\partial z_j \, \partial \bar{z}_k}$ $(1 \leqq j, k \leqq n)$ は D の各点で正定値である．（**強擬凸性**）

2) すべての実数 c に対して集合 $D_c = \{z \in D \,;\, \varphi(z) < c\}$ は有界であり，かつ $\partial D_c \subset D$ となる．（**皆既性**）

---

[7] 西野利雄教授最終講義 「岡先生の芭蕉の俳諧−上空移行の原理の発見−」(1995) より

実際,このような関数 φ があれば,$\nabla\varphi|\partial D$ が零点を持たないような c は R 内に稠密[8]に存在しますから,これから D が滑らかなレビ擬凸領域の増大列の和集合であることが従います[9].

定理5.3の証明には**境界距離**と呼ばれる ∂D へのユークリッド距離
$$\delta_D(z) = \inf\{\|z-w\|; w \in \partial D\} \quad (z \in D)$$
が重要な役割を果たします.それを述べるため,**擬凸関数**の概念を準備しましょう.

定義5.3 C^n の領域 D と $\varphi \in (R \cup \{-\infty\})^D$ に対し,次の1)と2)が同時にみたされるとき φ は擬凸であるという.

1) 任意の $w \in D$ に対して $\varlimsup_{z \to w} \varphi(z) \leq \varphi(w)$.(**上半連続性**)[10]

2) 任意の $w \in D$ と任意の $v \in C^n$ に対して $\varphi(z+\zeta v)$ は $\zeta = 0$ のまわりで劣調和である.(**全方位劣調和性**)

ただし C の開集合 U と $u \in (R \cup \{-\infty\})^U$ に対し,u が U 上で**劣調和**であるとは,$U \supset \{z; |z-a| \leq r\}$ となる a, r と $\{z; |z-a| \leq r\}$ 上の連続関数 $h(z)$ で $\{z; |z-a| < r\}$ 上で調和であり $\{z; |z-a| = r\}$ 上で $u(z) \leq h(z)$ をみたすものに対して,$\{z; |z-a| < r\}$ 上でも $u(z) \leq h(z)$ が成り立つことをいう.

---

[8] $A \subset R^m$ に対し,A が R 内で稠密 $\Leftrightarrow R^m = A \cup \partial A$.
[9] Sard の定理による.定理の内容および証明については,ミルナー著「微分トポロジー講義」(蟹江幸博訳)などを参照.
[10] $\varlimsup_{z \to w} \varphi(z) = \lim_{\varepsilon \to 0} \sup\{\varphi(z); 0 < \|z-w\| < \varepsilon\}$.

u の劣調和性は h を表に出さずに

$$u(a) \leq \frac{1}{2\pi}\int_0^{2\pi} u(a+re^{i\theta})d\theta$$

と書くこともできます．実のところ，ハルトークスの逆問題が解けていれば，擬凸関数を

D 内の任意の擬凸部分領域 V に対し $\{(z,\zeta); z\in V,$
$|\zeta|<e^{-\varphi(z)}\}$ が擬凸な領域になる．

という性質で特徴づけることもできますが，さすがにここから出発すると話はもっと難しくなるようです．

 擬凸関数は第六論文の用語ですが，現在はその代わりに「多重劣調和関数」が使われています．これはルロン (1912-2011) が 1945 年の論文で使った用語が定着したものです．ルロンの研究は第二次世界大戦中岡とは独立に行われました．ルロンを軽んずるわけではないのですが，ここでは短さを尊んで「擬凸」を用います．D 上の擬凸関数の集合を $\Psi(D)$ で表します．C^2 級の擬凸関数について，テイラー係数をよく見て調べると次がわかります．

> **定理5.4** $\Psi(D)\cap C^2(D)=\{u\in C^2(D,\mathbf{R}) ;$ 行列 $\dfrac{\partial^2 u}{\partial z_j\, \partial \bar{z}_k}$
> $(1\leq j,k\leq n)$ はいたるところ半正定値 $\}$．

 $\Psi(D)$ の元は，いわゆる ε 軟化列

$$u_\varepsilon(z) = \int_{C^n} u(z+\varepsilon w)\chi(w)$$

$$\left(\int_{C^n} \chi(w) = 1,\ \chi \geqq 0 \ \text{かつ}\ \{w; \chi(w) \neq 0\} \text{は有界} \right)$$

を用いる方法により，$\Psi(D) \cap C^2(D)$ の元で近似できます．正確には次が成立します．

> **定理 5.5**　$\Psi(D)$ の元は局所的に C^2 級の擬凸関数の減少列の極限である．

これらは擬凸関数の特質を記述していますが，定理 5.3 への本質的なステップは次の定理でした．

> **定理 5.6**　D が H 擬凸ならば $\log\left(\dfrac{1}{\delta_D}\right) \in \Psi(D)$.

証明のスケッチ：$v \in C^n - \{0\}$ に対して

$$\delta_{D,v}(z) = \inf\left\{|\zeta|;\, z + \frac{\zeta v}{\|v\|} \notin D\right\}$$

とおくと，D の H 擬凸性より $\log\left(\dfrac{1}{\delta_{D,v}}\right) \in \Psi(D)$[11]．従って，$\log\left(\dfrac{1}{\delta_D}\right)$ の連続性と

$$\log\left(\frac{1}{\delta_D}\right) = \sup\left\{\log\left(\frac{1}{\delta_{D,v}(z)}\right); v \in C^n - \{0\}\right\}$$

より $\log\left(\dfrac{1}{\delta_D}\right) \in \Psi(D)$ となる． □

---

[11] ここの詳しい議論は［西野］や［大沢-1］などを参照．

第五章　難問解決は突然に

定理 5.4〜5.6 より定理 5.3 が従います．具体的には $\log\left(\frac{1}{\delta_D(z)}\right)+\|z\|^2$ を C^2 級の擬凸関数で近似して定理 5.3 の条件をみたす D 上の**皆既擬凸関数** φ を作ります．

余談ながら，「皆既関数」は英語では exhaustion function，ドイツ語では Auschöpfungs Funktion ですが，これらを直訳すれば「取り尽くし関数」とか「汲み尽くし関数」となります．普段日食や月食とつなげてしか使わない「皆既」の語をこれに当てるのは気が進みませんが，「取り尽くし関数」などは長過ぎてもっと抵抗があります．昔は「掃散関数」が使われたことがあるようですが，何を掃き散らすのかわからないのでよくありません．「既」には「ごちそうを食べ尽くす」という意味があるので「食」と合います．したがって「関数が領域を食べ尽くす」と考えると「皆既食関数」となり，これを短くすると「皆既関数」または「既食関数」となります．「既食関数」も良さそうですが，ここでは「皆既関数」を使います．ちなみに，中国では「穷 (= 窮) 竭関数」が使われています（竭 = exhaust）．

さて，定理 5.3 と定理 5.2 より，滑らかな領域に対して「レビ擬凸⇒正則凸」が言えれば，一般にも「擬凸⇒正則凸」が言えます．上空移行の原理では一般領域上の問題を多重円板上の問題に帰着させたのでしたが，滑らかな領域は多重円板よりも開球に近い性質を持っています．それを利用して複素多様体上でレビ問題を解いたのがグラウエルトでしたが (1958)，第六論文と第九論文の方法は多重円板に近い（解析的）多面体領域を使うもので，グラウエルトの方法とは対照的です．これらの二つの方法の相違点について，グラウエルトは興味深いコメントを残しています．

155

岡の方法は非常に複雑である．最初に（ここはやや簡単だが）擬凸な不分岐被覆空間[12] X 上には，連続な多重劣調和関数 $p(x)$ で x が X の（理想）境界に近づくとき $+\infty$ に発散するものが存在することを示した．そしてこの性質を用いて，彼は所要の正則関数 f の存在を示したのである．私の論文においては，f の存在は関数解析における L. シュワルツの定理から従う．このやり方はもっと簡単だが，それにもかかわらず，ゲッチンゲン大学の私の前任者である C.L. ジーゲルはこれを好まなかった．ジーゲルは「岡の方法は構成的だがこれはそうでない！」と言ったのである．

グラウエルト論文集　第一巻（1994）より

　ジーゲルのこのコメントは理解できるものですが，多くのテキストはグラウエルトの簡単な証明の方を採用しています．「大部分は岡のアイディア」のベアスの講義録でも，レビ問題の部分はグラウエルト流です．ちなみに筆者はある時，研究集会の帰りの電車の中でグラウエルトにこの素晴らしく明快な証明をどうして思いついたのかを尋ねてみました．その答は「モーレイの論文を見たから」でした．モーレイ（1907–84）は 1957 年に実解析的な閉多様体が実解析的な写像でユークリッド空間に埋め込めることを示しましたが，それは偏微分方程式の手法を用いてそのような写像の存在を示していて，グラウエルトによれば「難しい評価式」を使っていました．結局のところ，グラウエルトは岡の方法にもモーレイの方法にも満足できなかったので，工夫して簡単な

---

[12] 不分岐被覆空間 = 多重領域

証明をひねり出したというわけです．ところがこの証明がジーゲルには気に入らなかったというわけで，そんなところにもレビ問題というものの奥深さを感じます．三平方の定理以来，美しい定理には何通りもの証明がつけられます．

　ちなみにグラウエルトと同席したその電車は，オットー・ハーン号という原子核分裂の発見者の名がついた特急でしたが，グラウエルトとは 6 人掛けの客室に向かい合ってぽつりぽつりと話しながら 4 時間以上の長旅をしました．その間，グラウエルトはレビ問題の他にも文学や哲学，そして教育，はては政治や恋愛についても語ってくれました．もっとも恋愛については自分が当事者の話ではなく，グラウエルトが東京に滞在中，ベイリー[13] (1930–2013) から相談を受けた時のことでした．ベイリーは日本の女性を好きになったのでしたが，デートのために彼女を野球観戦に誘ったところ，友達を連れて来たというのです．自分はこれ以上彼女に近づけないのだろうか．そうでなければどんな方法が適当であろうか．というような悩みだったのですが，グラウエルトは黙ってベイリーをホテルのバーに誘い，ただ頷きながら，一杯，また一杯とマンハッタン[14]を勧めました．やがて夜明け近くになってベイリーはプロポーズする決心を固めました．それが成功したことは言うまでもありません．

　閑話休題．話を元に戻しましょう．グラウエルトが言う「やや簡単な」部分を上ではご紹介したわけですが，実際簡単なので比

---

[13] 保型形式論における「Baily-Borel-佐武のコンパクト化」が有名．
[14] 混合酒（カクテル）の女王と言われる．

較的詳しく書けたわけです．その続きは「非常に」かどうかはさておき一応「複雑」なのですが，アイディアとしては正則領域上で加法的なクザンの問題を解いた方法を拡げるだけのことです．（それが可能かもしれないと思ったのが岡だけだったとは，今となっては不思議です．）技術的なポイントはいわゆる逐次近似で，第六論文の場合はそのためにヴェイユの積分公式が利用され，第九論文においては上空移行原理によりコーシーの積分公式だけで済むようになりました．次節ではこのような「構成的な方法」の雰囲気だけでもスケッチしてみましょう．

4. 関数の融合

結論から先に言いますと，岡によるレビ問題の解は，次の命題に集約されます．

定理 5.7（岡の融合補題）　C^n の領域 D と実数 $a_+ < a_-$ に対し，
$$D_+ = \{z \in D\,;\, \mathrm{Im}\, z_1 > a_+\}, \quad D_- = \{z \in D\,;\, \mathrm{Im}\, z_1 < a_-\}$$
（ただし $z = x + iy$ に対し $\mathrm{Im}\, z = y$）

とおくとき，D_+ と D_- がともに正則領域ならば D もそうである．

筆者の想像ですが，これを初めて目にしたとき，ベンケは「嘘だろう」と思ったのではないでしょうか．しかし正則領域上で何が可能なのかを第一論文や第二論文に遡って検討してみれば，次の考えの自然さが納得できるのではと思います．

定理 5.7 の証明のアイディア：$f \in \mathcal{O}(D_+)$ とする．D_- は正則領域だから，定理 3.10 を一般化したルンゲ型の近似定理が制限写像 $\mathcal{O}(D_-) \longrightarrow \mathcal{O}(D_+ \cap D_-)$ に対しても成り立つ．従って $f|_{D_+ \cap D_-}$ は D_- 上の正則関数 $\tilde{f}$ で近似できる．つまり $f - \tilde{f}$ は $D_+ \cap D_-$ 上で 0 に近い．従って，D 上の加法的なクザンの問題が解ければ，f に比較的小さい修正を施す事により D 上の正則関数として拡張できるであろう．

実際には滑らかな領域に対してこれを示せばよいので，f を修正して D 上の正則関数を作るためには次で十分です．

> **定理 5.8**（岡の接合補題）
> 融合補題の状況において，$a_+ < a < a_-$ とし，
> $$S = \{z \in D\,;\,\mathrm{Im}\,z_1 = a\}$$
> とおく．このとき $\overline{D_+ \cap D_-} \subset U$ をみたす $\overline{S}$ の近傍 U 上の正則関数 f に対し，$\mathcal{O}(D_+)$ の元 f_+ および $\mathcal{O}(D_-)$ の元 f_- が存在し，S のある近傍上で $f = f_+ - f_-$ となる．

これはまさに加法的なクザンの問題の特殊型で，いかにも定理 3.14 の状況に似ています．しかしこの場合には求める f_+ と f_- を，積分を二ヶ所に分けるだけで作るわけにはいきません．まず f を周回積分で表示するのは無理ですし，ヴェイユの積分公式も積分の中身が D_+ や D_- の上では定義されないのでこれをそのまま二つに分けるわけには行きません．何らかの工夫が必要です．そこで積分値に影響しない項を付け加え，さらにル

ンゲ型近似定理によって二つの積分 $J_+(f)$, $J_-(f)$ を作り，f_+ と f_- はこれらをさらに修正した形で書けると考えます．ここはいかにも解析学のやり方で，いわゆる積分方程式論の手法ですが，岡は学生時代に河合十太郎先生から学んだことを思い出して使ったのだと言っています．ともかくこういう発想で近似的な解と誤差を表す式を作りますと，その式を使って第一近似，第二近似とどんどん本物の解に収束して行くような列が作れます．$J_+(f)$ と $J_-(f)$ は第一近似で，$J_+(f)+J_+(J_+(f)-J_-(f))$，$J_-(f)+J_-(J_+(f)-J_-(f))$ は第二近似といった調子です．込み入っているといえばそうですが，関数を作る手続きを一応は順にたどれるという意味では，岡の方法は確かに構成的であるといえましょう．領域が具体的に式で表示できていれば，これを使って数式処理ソフトを走らせることができるかもしれません．反面，グラウエルトの方法で保証されたのは一定の方法で構成された関数列の収束ではなく，方程式の列があるところから先で解けるということです．こう考える事により多様体上でレビ問題が解けるからすごいのですが，これではコンピュータに乗せようがありません．従って，その方程式の列が「どこから解けるか」が次の問題として浮上します．この評価をするためには多様体やベクトル束の曲率の概念が不可欠で，このあたりから岡理論は次の世代にバトンタッチされて行きます．その事情は第九論文についてもあてはまります．これは第六論文の方法を洗練してコーシーの積分定理だけを使ってできるようにしてから一般次元に拡張したもので，これによりポアンカレの問題（第三章第6節）が解けるための条件が初めて明確になったのですが，それは多重円板に埋め込まれた領域上の正則関数の多重円板上への拡張が，関

数の大きさの評価つきで行えることによって可能になったのでした．これは上空移行の原理が深められたことを示すよい例です．このような評価つきの拡張定理を先鋭化する話と，グラウエルトの理論を上の意味で定量化する話はうまくマッチしていて，この方向で岡理論以後の多変数関数論には一定の収穫がありました．それについては最後に第七章で触れたいと思います．

　ちなみに第九論文の主要部の日本語原稿自体は 1943 年に既に完成していましたが，発表は 1953 年になりました．発表が遅れた理由が戦争だけではなかったことは，高木貞治に「問題を解いてしまったと思った時自分の一部分が死んでしまったような気がしたが，その先に容易には解けそうもない問題があることがわかったので死んだ子が生き返ったように感じる」という意味のことを書いていることから窺えます．新たに姿を現したこの難問の解決を目指して，岡はさらに研究を続けて行きました．第七論文の連接性定理や不定域イデアルの理論，第八論文における解析空間の正規化定理はその成果です．第九論文はこれ等をふまえて岡理論を集大成したものになっていますが，将来の課題として，無限遠点や分岐点を含む領域の研究が挙げられています．第七，第八論文は岡にしてみればそのための準備だったのです．次章ではこのうち特に有名な第七論文に関して，今度は岡の連接性定理だけでなく，層係数コホモロジー理論とも関連づけながら，カルタンらの視点も含めて述べたいと思います．

第六章
イデアルの絆

1. 関数論から時空モデルへ

　1977年，日本数学会の創立100周年を祝う記念行事として，東京で大きな講演会が開催されました．その場にふさわしい超一流の講演者たちを迎えた会場の共立講堂は大盛況でしたが，中でも当時の数理物理に新境地を開きつつあったアティヤの番になった時には，それこそ立錐の余地のないくらいの大勢の聴衆が詰めかけました．「幾何と物理」と題されたその講演は，遠くユークリッドから説き起こし，アティヤ自身の最近の研究結果でまとめた格調の高いものでしたが，その中では多変数関数論にも次のように触れられています．

　　…RiemannとPoincaréはトポロジーの基礎を築いたが，彼等の動機は**解析学**（analysis）（複素関数論と微分方程式論）からの要請によった．したがって自然の成り行きとして解析的問題における大域的位相の果す役割の研究に関心が集まった．この**解析学**と**トポロジー**を結合するというプログラムは1930-60年の一つの主テーマであった．この方面での最初の主結果は1930年代のHodgeによるものである．…この時期のもうひとつの方向はKodaira, Oka, H.Cartanに始まった多変数の複素解析学である．これは1940-50年代に非常に活発に研究されたのであるが，そのひとつの大きな

帰結は**層コホモロジー**という新しい手法の確立である．層コホモロジーはホモロジーやサイクルといったトポロジーの概念と複素関数論との結合による混合の理論といえよう．．．．今日の理論物理学は相当の困難に直面しており，その基本的な基礎に関する何か本質的な新しい考えを必要としているように思われる．．．．さて **Maxwell 方程式**についていうとその解は幾何学者がすでに発明していたものすなわち層コホモロジーにより記述されることがわかったのである．．．．

M. F. Atiyah 教授記念特別講演
Geometry and Physics（森田茂之訳）より

　Maxwell（マクスウェル）方程式とは電磁気学の基本方程式で，19 世紀にファラデーの法則を含む形でマクスウェル（1831 – 79）が定式化したものです．これは電磁波の発見につながったきわめて重要な方程式で，19 世紀の人間で 1 万年後に名が残るのはマクスウェルだけだと言う人もいるくらいです．この方程式は時空の構造をどう設定するかによって解の表現は変わり得ます．アティヤが言っているのはペンローズ（1931– ）が提唱した時空モデルで，時空世界の基本的要素は点ではなく点とそこを通る光の線の全体（light cone）を対にしたものだという考えです．こうすると 3 次元の複素多様体が物理的意味を持った対象として現れます．今日の数理物理学者たちは幾何と物理の接点として，放物線や楕円だけでなくこの種の複素多様体（カラビ・ヤウ多様体やアインシュタイン・ケーラー多様体）をイメージしています．

　さて，この「層コホモロジー」こそ，カルタンが岡の第七論文

の延長上で導入し，1953年の研究集会で聴衆たちを唖然とさせた手法でした．以下ではここに至る流れに沿って，岡とカルタンの研究を見て行きたいと思います．

2. 源流を訪ねて

アティヤの言う「層コホモロジー」の中心をなすものは，クザンの問題の「解けなさ加減」を一般的に定式化した概念である「解析的連接層を係数とする複素多様体のコホモロジー群」です．連接層とコホモロジー群については後で詳しく説明する事にし，まずはこの理論の原型である「不定域イデアルの理論」が生まれた経緯を辿ってみましょう．

岡が第一論文を書くにあたり，カルタンの仕事に多くを負ったことは第三章で述べた通りですが，第六論文以後クザンの問題の一般化を考察するにあたってもカルタンの影響がありました．実際，第四章で触れたように，岡はカルタンの1940年の論文「複素n変数の行列値正則関数について」(Sur les matrices holomorphes de n variables complexes)を参考にして研究を深め，その結果，高木宛の手紙（第一章第1節）に描かれたようなビジョンの中で，不定域イデアルの理論の芽が育まれて行ったのでした．

不定域イデアルの理論とは，一口に言えば整数の素因数分解の理論を関数の世界に拡げたものです．第七論文の題がいみじくも「二三の算術的概念について」(Sur quelques notions arithmetiques)となっていることからもそれは窺えます．素因数分解はユークリッドに遡り，連接性定理は互除法の関数版ともいえますが，後で不定域イデアルについて述べるための準備とし

165

て，イデアルというものの来歴を振り返っておきたいと思います．

そもそもイデアルの概念は，クンマーがフェルマー(1607-1665)の遺した問題

$$x^n+y^n=z^n \ (n \geq 3) \text{ の自然数解は存在しない．}$$

を研究するために導入したもので，整数環 Z を拡大して $Z+iZ$ や $Z+\sqrt{2}Z$ のようないわゆる代数的整数環を作ったとき，その中で素因数分解の存在と一意性に相当する命題を書くために必要になりました．例えば $Z+i\sqrt{5}Z$ 内では

$$6=2\times 3=(1+i\sqrt{5})(1-i\sqrt{5})$$

のように，数が2通りに因数分解されますが，6の代わりに $6Z$ を分解すると考え，それを

$$6Z=(2Z+(1+i\sqrt{5})Z)\cap(2Z+(1-i\sqrt{5})Z)$$
$$\cap(3Z+(1+i\sqrt{5})Z)\cap(3Z+(1-i\sqrt{5})Z)$$

と書けば，この形で素因数分解定理が一般化されます．つまり，数の積による分解の代わりに $\sum_i c_i Z$ の形をした数の集合の「分解」を考えると都合の好いことがあります．この事情を背景に，$\sum c_j Z$ の性質を取り出して一般の環 R に対してもその部分集合 I で $RI\subset I$, $I+I=I$ を満たすものを考え，それらを R のイデアルと呼んだのでした（第二章第2節）．R が収束ベキ級数環の場合，そのイデアルについてはネーターとラスカーの結果が基本的です（第二章）．

一般領域上の正則関数の環についてもイデアルはあるので，その性質が問題になりうるのですが，それを上空移行の原理の延長上に据えて本格的に研究し出したのはカルタンでした．岡の第三報告の草稿の断片には "Sur les idéaux holomorphes"（正則イデ

アルについて）と論文の題名らしきものが書かれていますが，これは上記のカルタン論文（1940）で予告された「正則関数のイデアル（idéaux de fonctions holomorphes）に割かれた将来の論文」を受けたものと思われます．はからずも第七論文の内容は，「将来の将来の」論文となったのでしたが．カルタンの方も，岡のアイディアに影響を受けたことを 1944 年の論文の序文で次のように述べています．

　　K. Oka のアイディアによれば，任意領域上の正則関数の研究は（その領域が正則領域である限り），結局のところ，（十分高い次元の数空間内の）単連結な有界擂状領域[1]内の解析集合[2]上の正則関数の研究に帰着する．さてこのような集合の場合こそ，この論文の方法によって扱われ得るのである．この目的のため私は数年前，**正則関数のイデアルの大域的研究**を組織的に試みることに向かわされたのであった．解明された唯一の場合というのが今日に至るまで，非常に特殊な，単一の関数から成る基を有するイデアルの場合（クザンによって調べられた場合）だけであったにもかかわらずである．

　岡の上空移行原理がカルタンを奮い立たせた様子がよく伝わって来ます．連接層の概念の原型は，カルタンのこの論文では領域上に分布した局所有限生成なイデアル系として，1950 年の岡の第七論文では不定域イデアルとして導入されました．1940 〜 45 年

---

[1] 第三章第 2 節を参照．
[2] 局所的にベクトル値正則関数の零点集合として書ける集合を解析集合という．

の間，日本では戦争のため海外からの新着雑誌が全部ストップし，その上，岡は紀見峠で芋掘りをしながら研究生活を送っていたのですから，カルタンの仕事については知る由もなかったのでした．しかしその間，岡とカルタンは互いに異国の地にありながら，遠くの同じ星々を見続けていたわけです．第七論文と同時に発表されたカルタンの論文には岡が第八論文に書く予定にしていた結果が含まれています．こんな二人が互いのことをどう思っていたかは想像に難くありません．古代ギリシャの大哲学者プラトン (B.C. 427 - 347) の著作の中に「定義集」という書物があり，その中では『高潔』や『善意』などと並んで『友愛』が次のように定義づけられています．

友愛．立派なこと，正しいことについての合意．同じ生き方の選択．選択と行為について見解を同じくすること．生活の類似．善意の交り．互いに善行をなしたり，受けたりすること．

岡はカルタンのことを「あの人だけは懐かしい気がする」と述懐し[3]，カルタンもまた，岡潔生誕百年を記念する研究集会にメッセージを寄せ，岡に連れられて東大寺を訪問した時のことを懐かしそうに回想しています[4]．一緒に東大寺の境内を散策した岡とカ

---

[3] 「... 荒れ地を長い間30年も一緒に開拓した人はアンリ・カルタンです．他にはありません．あの人だけはなつかしいという気がしましたね．」 数学セミナー 1968 年 9 月号「数学の歴史を語る」(岡潔) より.

[4] En 1963, au cours d'un long séjour au Japon, j'eus le privilège de passer une journée entière dans la ville de Nara, où enseignait alor OKA. Il me fit visiter les principaux temples de cette ville. Ce fut mon dernier contact avec cet homme exceptionel.

168

ルタンの心中には何が去来したことでしょう．天平時代の菩薩像たちの美しい姿が彼等に重なります（菊の香や奈良には古き仏たち　芭蕉）．

　ところで岡は自分の経験を元に，発見に共通するものとして緊張と弛緩をあげました．個々の発見を独立した現象として見た場合には確かにそうでしょうが，社会的な現象として発見を見ますと同時多発性の例が幾つか見られます．微積分学ではニュートンとライプニッツ，非ユークリッド幾何ではボヤイ（1802-60），ロバチェフスキー（1792-1856），ガウスの例が有名です．多変数関数論における連接層の発見も，岡とカルタンの両者に帰せられるべきものではないでしょうか．

　さて，岡は上空移行原理の一般化として，カルタンとは違う究極の目標を持っていました．それは，代数型の多価性を持つ正則関数の存在域の特徴づけとしての，ハルトークスの逆問題の解決でした．それがたいへん切実な問題であったことが岡の回想から窺えます．

> 　わたしはカルタンの論文を読んで近況を知ると，わたしには彼等は唯漫然と結果さえ新しければよいと云うのでやっているように見えた．…不動の目標を持っている者とそうでないものとの違いがどうしても研究振りに現れてしまうのである．
>
> 『春雨の曲』第七稿（岡潔）より [5]

---

[5] ［高瀬 -2］所収

岡の眼にカルタンの仕事がそう映るのは仕方ないかもしれませんが，カルタンにはカルタンのやり方があったわけでしょう．それを窺わせるインタビュー記事があります．

記　　者　あなたの数学の業績のうちどれが最も重要だと思われますか．

カルタン　それは私が言うことではないでしょう．

記　　者　でも特にお気に入りの結果だとか，特別満足すべきものがあるのではないですか．

カルタン　代数的トポロジーと解析関数のつながりです．私は大きな役割を果たす一般的な定理を幾つか発見しました．でもこれはセールに助けてもらったおかげです．…

Notices of the AMS vol.46, no.7 (1999) より

　いかにも余裕たっぷりの謙虚な受け答えで，カルタンの人柄がしのばれます．ちなみにセールはカルタンのとびきり優秀な門弟で，1954年にフィールズ賞を受章しています．カルタンはここでは弟子のセールを立てていますが，自ら認めた業績は明らかに「層コホモロジー」の理論です．しかし第七論文の手書きの原稿をヴェイユの手から受け取って読んだときのカルタンは，こんなに平静でいられたでしょうか．自身が1944年の論文で提出しそのまま解けずにいた二つの問題の片方が，そこでは解かれていたのですから．これが岡の連接性定理でした．ここからは完全に筆者の想像ですが，自分にとっていわば思案投げ首状態にあった難

問がワイアシュトラスの予備定理を使って解決されたことを知って，もう一つの問題の解決方法や層の概念との関連が「朝日が射し込むように」カルタンの頭の中に浮かんだのではなかったでしょうか（光は東方から）．岡の方でも，第七論文以後はカルタンの仕事への言及がぐっと増えます．

ちなみに，カルタンへの 1999 年のインタビューの中に，上でご紹介した話に続いてつぎのやり取りがあります．

記　　者　あなたはずっと純粋数学畑で働いて来られましたが，今日では応用数学がたいへん重要です．これについてはどう思われますか．

カルタン　ご承知の通り，数学のどの部分が応用可能かということは（「応用」ではなく「応用可能」なのですが）予測することは困難です．1931 年に私が初めてミュンスター大学に呼ばれたときのことですが，そこを離れる前，大学で大きな宴会があり，大勢で議論をしたことがありました．一人の哲学者が数学のどの部分が応用数学であるかについて論じたのを受けて，ある者が「いずれにせよ多変数関数論は応用数学ではありえない！」と言いました．しかし後にこれは応用されたのです….

カルタンがいう応用例は理論物理へのもので，アティヤらがファイバー束の概念と共に広く浸透させたものです．1980 年代，それはゲージ理論の名でたいへん有名になりました．1977 年に東京でアティヤが語った研究結果もその一例と言えます．このよ

うに，層コホモロジー論はカルタンにとってほとんど愛惜あたわざるものがあったと推測されますが，その一方で次のような話があります．

1987年，トゥレンの80才の誕生日を記念して開かれた談話会で，カルタンは「1930－1960の間の多変数関数論の発展について」という講演[6]を行いました．ナチを嫌って母国を離れ，1936年以来20年以上もヨーロッパを留守にしたトゥレンでしたが，多変数関数論の展開にはずっと関心を寄せていたようです．従って，カルタンが層コホモロジー論を振り返るにはよい機会だと思われました．ところが後に発表された論文は，「1930-1950の間の多変数関数論の二三の進歩について」となっています[7]．これを読むとトゥレンの研究に関係する話だけをまとめた形になっていて，カルタン・トゥレンの定理「正則領域は正則凸である」が岡の仕事により C^n 上の多重領域に対して拡張されたことにも触れられていますが，連接層や岡・カルタン理論の話はありません．聞くところによると[8]，カルタンの講演を聴いたトゥレンは，長年のブランクにもかかわらず岡の仕事は理解したものの，層コホモロジーについてはまったく関心を示さなかったそうです．してみると，カルタンはトゥレンの反応を見た後で，原稿を書き換えた

---

[6] Sur l'évolution de la théorie des fonctions analytiques de variables complexes entre 1930 et 1960, Kolloquium zum 80. Geburstag von Peter Thullen.

[7] Sur quelques progrès dans la théorie des fonctions analytiques de variables complexes entre 1930 et 1950, Miscellanea Mathematica, Springer, 1991.

[8] A. Huckleberry氏による．

ということでしょうか.今となっては確かめるすべはありませんが,気になったので書きとめておく次第です.

さて,以下では不定域イデアルをへて連接層のコホモロジーの理論への入門的な話をご紹介します.連接層は上空移行の原理を深め,かつ一般化する過程で導入されたものですが,岡にとって重要な動機であったレビ問題との関連にはあえて踏み込まず,今日「岡・カルタンの理論」と呼ばれているものに焦点を絞って述べたいと思います.従ってカルタンの考え方に沿った話も多くなりますが,そのへんはひとつ,カルタンが友情出演していると思ってお読みください.

3. 上空移行と正則関数のイデアル

岡・カルタンの理論を目指すにあたり,復習をかねて一般的な上空移行の原理を定式化しておきましょう.上空移行とは,一般領域上の問題をより高い次元の多重円板上の問題に帰着させうるというという原理でしたが,行き着くところ,これは正則関数の拡張定理とその応用です.第一論文と第二論文は拡張定理とその近似問題とクザンの問題への応用でしたが,ここでは拡張定理の一般化について考えてみましょう.そのために複素多様体 X を固定し,X の閉部分集合 Y で局所的にベクトル値正則関数の零点になっているものを考えます.X が C^n 内の領域の場合と同様に,このような Y を X の**解析集合**といいます.**Y 上の正則関数**とは局所的に X の開集合上の正則関数の制限になっているものをいいます.Y 上の正則関数の集合を $\mathcal{O}(Y)$ で表します.すると第一論文の問題Ⅰの一般化にあたる次の問題が生じます.

問題 6.1　制限写像 $\mathcal{O}(X) \longrightarrow \mathcal{O}(Y)$ は全射か.

これと同じ内容のことを，定義に忠実に書くと次のようになります.

$\{U_j\}$ を X の開被覆とし，$\mathcal{O}(U_j)$ の元 f_j が $(f_j - f_k)|Y \cap U_j \cap U_k = 0$ を満たすように与えられているとする．このとき $\mathcal{O}(U_j)$ の元 h_j で $h_j|Y \cap U_j = 0$ を満たすものを適当に取って，$f_j - f_k = h_j - h_k$ が $U_j \cap U_k$ 上で成り立つようにできるか．

こう言い換えてみると，拡張問題とは条件つきの加法的なクザンの問題に他ならないことがわかります．関数だけでなく複素ベクトル場などにも拡張定理の適用範囲を拡げるためには，ベクトル束への一般化が自然です．

> **定義**　$\pi : E \to X$ を正則ベクトル束とし U を X の開集合とするとき，正則写像 $s : U \to E$ で $\pi \circ s = id$ をみたすものを U 上の**正則断面**という．U 上の正則断面の集合を $\mathcal{O}(U, E)$ で表す．

解析集合 Y に対して $\mathcal{O}(Y, E)$ を $\mathcal{O}(Y)$ のときと同様に定義すると，制限写像 $\mathcal{O}(X, E) \longrightarrow \mathcal{O}(Y, E)$ の全射性の条件が自然な問題になります．これは「条件つきの，一般化された，加法的なクザンの問題」というわけですが，問題が複雑化する一方では困るので，ここで一つの関係に注目して議論の方向を定めましょう．

Y が因子のとき，開被覆 $\{U_j\}$ をあらかじめ Y に応じて十分細かくとり，U_j 上で Y の極小局所定義関数 s_j があるようにしておくと，関数系
$$\sigma_{jk} = \frac{f_j - f_k}{s_k}$$
は $U_j \cap U_k \cap U_\ell$ 上で関係式

(6.1) $\qquad \sigma_{jk} + \sigma_{k\ell} u_{\ell k} + \sigma_{\ell j} u_{jk} = 0 \quad \left(u_{jk} = \dfrac{s_j}{s_k} \right)$

をみたします．このことより，乗法的 1 コサイクル $\{u_{jk}\}$ によって定まる X 上の正則直線束を L とすれば，σ_{jk} は $U_j \cap U_k$ 上の L の正則断面 s_{jk} とみなすことができ，その結果，(6.1) は

(6.2) $\qquad\qquad s_{jk} + s_{k\ell} + s_{\ell j} = 0$

と短く書くことができます．このように，因子からの拡張問題は直線束に値をもつ加法的なクザンの問題として扱うことができます．「条件つきの」と「一般化された」の間に一本のロープを張ってみたわけです．クザンの定理より，このロープは X が多重円板で Y が因子の場合，拡張問題を加法的なクザンの問題にしっかりと結びつけています．1940 年のカルタンの論文ではこのロープが少し太くなっています．拠り所は次の定理でした．

> **定理 6.1**　多重円板上の正則ベクトル束は自明束に同型である．

　これは岡の原理の拡張への重要な第一歩でした．これにより特に，一般化された乗法的なクザンの問題は多重円板上では常に解けるというわけですが，カルタンはその応用例として次を得ました．

> **定理 6.2** 多重円板 D 上の C^m 値正則関数 $(f_1, \cdots, f_m)$ が零点を持たなければ，D 上の C^m 値正則関数 $(g_1, \cdots, g_m)$ で
> $$\sum_{j=1}^{m} g_j f_j = 1$$
> をみたすものが存在する．

これは確かに基本的ですが，カルタンはさらに次の結果を示します．

> **定理 6.3** 多重円板 D 上の二つの C^2 値関数 $f = (f_1, f_2)$, $g = (g_1, g_2)$ に対して次が成り立つとする．
> 1) 互いに他の線形結合である．つまり $\mathcal{O}(D)$ の元を成分とする行列 A, B があって $f = gA$, $g = fB$ が成り立つ．
> 2) $f^{-1}(0) \,(= g^{-1}(0))$ は単連結な部分多様体である．
>   このとき $\mathcal{O}(D)$ の元を成分とする可逆な行列 G があって $fG = g$ となる．

条件 1) を述べるのに，カルタンは「f と g の成分が D 上で**同じイデアルを生成している**」という言い方をしています．つまりカルタンは環 $\mathcal{O}(D)$ のイデアルを考えているわけで，これが正則関数のイデアルです．第 4 章で触れたように，2) の条件を落とすと結論が成り立たないこともカルタンは反例によって示しています．

さて，これらの定理のどこが「漫然と結果さえ新しければよいと云うのでやっている」と岡の眼に映ったのでしょうか．まった

くおこがましいことではありますが，話の都合上，筆者の想像上のコメントを記しておきたいと思います．

定理 6.1： 乗法的なクザンの問題を行列値関数の場合に拡張して解いただけ．新しく基本的な結果であり，証明法にも斬新な要素があるが，岡の原理の一般化としては極めて不十分である．

定理 6.2： 正則関数のイデアルに関し，多項式環におけるヒルベルトの零点定理[9]や収束ベキ級数環におけるリュッケルトの零点定理に相当する基本的な命題の成立を言っているが，定理 6.1 の系として示している点に不自然さがある．

定理 6.3： 正則関数のイデアルの二つの生成系が同値であるための条件を示した点で新しい．条件を落とすと成り立たないことを反例によって示しており，今後の研究において示唆する点が多いと思われる．

定理 6.1 によってカルタンはクザンの定理を行列値関数の場合へと一般化しましたが，それを一般領域上の結果につなげるための具体的な方針は示されていません．上空移行の原理があると言っても，それはこの段階では希望的観測にしかすぎません．そもそも関数の拡張問題さえ解けていなかったのですから．カルタ

---

[9] $C[z]$ のイデアル I の零点集合上で 0 になる多項式は，何乗かすれば I に入る．$C\{z\}$ のときも同様（リュッケルト）．

ンがその系として導き出した定理 6.2 は非常に基本的ですが，定理 6.3 とその補足としての反例は，多重円板上の正則関数のイデアルというものを定理 6.1 の観点から調べることがこれ以上は難しいことを教えてくれます．このようにカルタンの論文に不徹底な点が多かったことが，かえって岡の研究意欲を刺激したのかもしれません．余談ながら，二十世紀の代表的な哲学者であるハイデッガーがプラトンの哲学についてこんなことを書いています．

> プラトン哲学の体系は問題にもならない．しかしそのことは欠陥ではない．全てが未解決で，途上で，端緒で，曖昧である．まさにこのことが生産的，発展的なことになる．体系ではなくて，事象に即した本当の仕事．それゆえそのような哲学はいつまでもみずみずしい．学問的探究の意味は，完成した真理を広めることではない．真の問題を提起することである．
>
> ハイデッガー全集　第 22 巻　古代哲学の根本諸概念　第 2 部門　講義 (1919–44)　左近司祥子，ヴィル・クルンカー訳　創文社 1999 より

第七論文を読んで推測する限り，カルタンの論文によって提起された問題を受けて岡が立てた研究プログラムは次の通りです．

1. 定理 6.2 を一般化し，定理 6.1 を経由せずに証明する．
2. その方法を用いて一般的な拡張定理を証明する．
3. これ等の結果を応用して，上空移行の原理により C^n 上の分岐点をもつ領域に対してハルトークスの逆問題（＝レビ問題）を解く．

これを実行するにあたって，岡はイデアル論の基本事項を秋月の著書[10]で勉強したそうです．第七論文に書かれたのは1の部分で，それは連接性定理に基づいてなされました．2は予告されただけでしたが，遺稿集などによれば第七論文がカルタンの眼に触れた時点で仕上がっていたことです．3については序文で触れてあるだけで，第九論文でも未完成のままです．カルタンは1の方法を検討し，その別証をし，2の部分を実行し，それを論文にする際に層の理論を書き込んだのです．意地悪な言い方をすれば「岡の尻馬に乗った」とも言えますが，カルタンは1944年の論文で既に1と2の構想を述べ，連接性定理も問題として提出していたのですから理解できる行為ではあります．3についてのカルタンの考えは不明です．

とはいえ，正則関数のイデアルの研究において岡とカルタンは同じ道を辿った仲間です．（岡の言い方では「荒れ地を一緒に開墾した」ということでしょうが．）彼等に共通の問題意識は，イデアルの生成系に関する関数論特有の現象にありました．

定義 6.1 環 R のイデアル I の部分集合 B が $RB = I$ をみたすとき，B は I を**生成する**，または B は I の（一つの）**生成系**であるという．
ただし $RB = \{\sum f_j g_j \text{（有限和）}; f_j \in R, g_j \in B\}$．

$\mathcal{O}(D)$ の部分集合 A と D の点 x に対し，$A_x = \{f_x; f \in A\}$ とおきます．

---

[10] 秋月康夫 輓近代数学の展望（ちくま学芸文庫）2009 筑摩書房（岡が読んだのは弘文堂書房の旧版）

問題 6.2　$\mathcal{O}(D)$ のイデアル I の有限部分集合 B について，D の各点 x に対して B_x が I_x の生成系ならば，B は I の生成系か．

この主張は M. ネーターの定理 (第二章定理 2.5) に似たことですが，これが基本的です．カルタンの 1944 年の論文ではこの問題が扱われ，一般化されたクザンの問題に次のように関係づけられています．

命題 6.1　$\mathcal{O}(D)$ のイデアル I と I の元 $f_1, \cdots, f_m$ について，すべての $x \in D$ に対して $\{f_{1,x}, \cdots, f_{m,x}\}$ は I_x の生成系であるとする．このとき，D の任意の開被覆 $\{U_j\}$ に対し，$R(\boldsymbol{f}, U_j \cap U_k)$ ($\boldsymbol{f} = (f_1, \cdots, f_m)$) の元 σ_{jk} から成る関数系が $\sigma_{jk} + \sigma_{k\ell} + \sigma_{\ell j} = 0$ ($U_j \cap U_k \cap U_\ell$ 上で) をみたせば $R(\boldsymbol{f}, U_j)$ の元 σ_j を選んで $\sigma_{jk} = \sigma_j - \sigma_k$ ($U_j \cap U_k$ 上で) となるようにできるならば，$\{f_1, \cdots, f_m\}$ は I の生成系である．(記号 $R(\boldsymbol{f}, U)$ については第二章の定理 2.8 を参照．)

つまり，イデアルの生成系を決定する問題にも条件つきの加法的なクザンの問題が絡んでくるわけです．上空移行の原理に誘われて正則関数のイデアルの生成系の問題を調べたら，拡張問題の時とは形こそ違え，やはり条件つきのクザンの問題に行き着いたというわけでした．カルタンが到達したのはここまででしたが，岡はカルタンのこの仕事を知らずにもっと先まで行きました．つまり，第七論文の結論の章には四つの定理が記されていま

すが，最初の定理は多重円板に対する問題 6.2 の解にあたります．これを解くために必要だったのが定理 2.8 だったというわけです．このように，定理 2.8 は正則関数のイデアルが局所的に有限個の関数で生成されることを導く時に基礎になる命題です．これが局所有限性定理ではなく連接性定理と呼ばれるようになった背景については，第七論文以後の「層コホモロジー」の話を抜きにしては語れないので後回しにします．ちなみに第七論文の最後の定理は，「関係式の集合 $R(f, U)$ は U が十分小さければ $\mathcal{O}(U)$ 上有限生成である」というものです（定理 2.8 でいう局所有限性とは微妙に違う）．つまり問題 6.2 に相当することを岡は $R(f, U)$ に対しても考えて解いています．これは定理 6.1 を用いて示されます．

まとめていうなら，第七論文はイデアルの生成系の問題を，一般化された加法的なクザンの問題として，拡張問題と並べて統一的方法で解いた仕事です．そのために導入されたのが不定域イデアルの概念でした．

定義 6.2 領域 D 上の**不定域イデアル**とは開集合 $U \subset D$ を動かして $\mathcal{O}(U)$ のイデアル I_U を集めた集合 $\{I_U\}$ で，次の二つの条件をみたすものをいう．
1) $f \in I_U$, $g \in \mathcal{O}(V) \Rightarrow fg \in I_{U \cap V}$.
2) $f \in I_U$, $g \in I_V \Rightarrow f+g \in I_{U \cap V}$.

D 内の解析集合 Y に対して $I_{Y,U} = \{f \in \mathcal{O}(U); f|Y \cap U = 0\}$ とおくと，集合 $\{I_{Y,U}\}$ は不定域イデアルの例になっていま

す．これを**幾何学的イデアル**といいます．

　不定域イデアルのアイディアは 1942 年に岡が札幌に滞在中に浮かんだもののようですが，それを軸として四つの基本的命題を相互の関連に配慮しながら編み上げる苦労は相当なものだったようです．ここでその事情が窺える文章を引いておきます．

　　．．．．丁度よい機会ですから，ここで一寸 Mémoire VII のことを申しますが，其の数学的内容は，簡単に御説明しますとこれは 1946 年の夏仕上げたものでして，その年の冬頃三ヶ月ほどして出来ませんでしたから（Théorème du reste はこの時出来たのですが），経験から推して，大体半年を予定していたのですが，実際は 10 日で出来てしまいました．1/18 であります．こんなに速く出来たのは全く光明主義のお蔭でして，一口に云えば心がサバサバしていたためなのですが，この現象は後に（出来るだけ分析もし描写もして）くわしくお話ししたいと思っています．所で，ここで云いたいのはここですが，かように 10 日で出来たものに，云わばメロディーとハーモニーとを正しく与えるには，1948 年の六，七月にしたのですが，二ヶ月かかって，しかも殆ど胃潰瘍の一歩手前まで行ったのであります．

　　　　　　　　　　　　　「春の思い出」（遺稿集第 4 集）より

　岡が数学における調和の感覚をいかに重んじているかが，この話からも伝わって来ます．数学の何をメロディーといい，何をハーモニーというかという話は一般的には難しいことですが，この場合はクザンの問題とイデアルの生成系の問題を一般的な形で

解いて定理として定式化し，さらにそれらの結果を統一的な視点でまとめたのが第七論文ですから，何となく四楽章からなる交響曲のイメージがわいて来ます．ちなみに岡はシューマンの音楽を特に好んだことが「春宵十話」には書かれています．さて，泣いても笑ってもこのつぎが連接層とコホモロジーの話です．

4. 連接層とコホモロジー

　第七論文の後の展開を記述するには層の概念が欠かせません．層を一口に言えば，不定域イデアルの概念を関数のイデアルだけでなく，加法と関数倍に関して閉じた集合一般に拡げて考えたものです．不定域イデアルの概念をこう一般化することにより，カルタンは岡の第七論文の四つの定理を，定理 A, B という二つの定理にまとめあげました．これらは**シュタイン多様体の基本定理**とも呼ばれます．グラウエルト・レンメルトの名著「シュタイン空間論[11]」では，第三章で定理 A, B が，第五章でその応用が述べられていますが，第一章の前に第 A 章と第 B 章が置かれ，そこでそれぞれ層とコホモロジーについて解説がされています．以下の説明で足りないところはぜひこの本で補ってください．

　さて，領域 D 上の不定域イデアル $\{I_U\}$ を一般化して層を定義する基本的なステップは，集合 $\mathcal{I} = \coprod_{x \in D} I_x$（非交和）および写像

---

[11] シュプリンガー数学クラシックス 20　宮嶋公夫訳　丸善出版　2012.

$$p : \mathcal{I} \longrightarrow D$$
$$\cup \qquad\qquad \cup$$
$$I_x \longrightarrow x$$

を元にして，I_U の元を U から $\mathcal{I}$ への写像 s で $s \circ p = \mathrm{id}_U$ をみたすものと同一視するということです．

一般に，X を位相空間とし，加法群 (= 可換群，アーベル群) の族 $\{\mathcal{F}_x\}_{x \in X}$ に対して $\mathcal{F} = \coprod_{x \in X} \mathcal{F}_x$ とおき，$p : \mathcal{F} \longrightarrow X$ は $\mathcal{F}_x$ の元を x に対応させる写像とします．X の開集合 U に対し U 上の $\mathcal{F}$ の**断面**とは，写像 $s : U \to \mathcal{F}$ で $p \circ s = \mathrm{id}_U$ をみたすものをいいます．U 上の $\mathcal{F}$ の断面全体の集合を $\mathcal{F}[U]$ で表します．x における値が $\mathcal{F}_x$ の単位元 0 であるような断面を単に 0 で表します．X が複素多様体で $\mathcal{F}_x = \mathcal{O}_x$ のとき，$\mathcal{O}(U) \ne \mathcal{O}[U]$ であることに注意しましょう．

定義 6.3 $\mathcal{F}[U]$ の部分集合 $\mathcal{F}(U)$ からなる集合 $\{\mathcal{F}(U)\}$ (U は X の開集合を動く) が X 上の (加法群の)**前層**であるとは，次の 1) ～ 4) が成り立つことをいう．
1) $s \in \mathcal{F}(U)$, $U \supset V \Rightarrow s|V \in \mathcal{F}(V)$.
2) $f \in \mathcal{F}_x \Rightarrow x$ の近傍 U と $s(x) = f$ をみたす $s \in \mathcal{F}(U)$ が存在する．
3) $s \in \mathcal{F}(U)$, $x \in U$, $s(x) = 0 \Rightarrow x$ のある近傍上で $s = 0$.
4) $s \in \mathcal{F}(U)$, $t \in \mathcal{F}(V) \Rightarrow (s-t)|U \cap V \in \mathcal{F}(U \cap V)$.

> **定義 6.4** 前層 $\{\mathcal{F}(U)\}$ が**完備**であるとは，すべての U に対して
> $$\mathcal{F}(U) = \{s \in \mathcal{F}[U]; x \in U \Rightarrow x$$
> $$\text{の近傍 } V \text{ があって } s|V \in \mathcal{F}(V)\}$$
> となることをいう．完備な前層を層という．

例 加法群 A に対し $\mathcal{F}_x = A$ $(x \in X)$, $\mathcal{F}(U) = \{s \in \mathcal{F}[U]$; s は局所的に定値$\}$ とおけば $\{\mathcal{F}(U)\}$ は層である．（これを X 上の**定数層**といい，単に A で表す．）

$\{\mathcal{O}(U)\}$ や不定域イデアル $\{I_U\}$ $(I_U \subset \mathcal{O}(U))$ が層であることは明らかでしょう．これを拡げて（一般の）群の層や環の層も定義します．たとえば $\mathcal{O}^*(U) = \{f \in \mathcal{O}(U); f^{-1}(0) = \varnothing\}$ とおくと，$\{\mathcal{O}^*(U)\}$ は（乗法に関して）群の層になります．以下では層 $\{\mathcal{F}(U)\}$ を単に $\mathcal{F}$ または $\mathcal{F} \to X$ で表します．$\mathcal{F}(U)$ の元を $\mathcal{F}[U]$ の元と区別するため $\mathcal{F}$ の**層断面**と呼びます．X の開集合 W に対し，層 $\{\mathcal{F}(U)\}$ において U の動く範囲を $U \subset W$ となるものに限ってできる W 上の層を $\mathcal{F}|U$ と書きます．X が複素多様体のとき，$\{\mathcal{O}(U)\}$ を環の層と見たものを X の**構造層**といい，$\mathcal{O}$ または $\mathcal{O}_x$ で表します．

> **定義 6.5** 環 R と加法群 M に対し，R の元と M の元の積が結合律と分配律をみたすように決められているとき，M は **R 加群**であるという．R 加群 M_1 から R 加群 M_2 への和と積を保つ写像を，M_1 から M_2 への **R 準同型**という．

環の層 $\mathcal{R}$ と加法群の層 $\mathcal{M}$ について，$\mathcal{M}$ が $\mathcal{R}$ 加群の層であるとは，$\mathcal{M}(U)$ が $\mathcal{R}(U)$ 加群の演算と両立している（上の4）を拡げた意味で）ことをいいます．$\mathcal{R}$ 自身も $\mathcal{R}$ 加群です．

> **定義 6.6** $\mathcal{R}$ 加群の層 $\mathcal{M}_1$, $\mathcal{M}_2$ と $\mathcal{R}_x$ 準同型写像たち
> $$\alpha_x : \mathcal{M}_{1,x} \longrightarrow \mathcal{M}_{2,x} (x \in X)$$
> について，$\alpha(f) = \alpha_{p_1(f)}(f)$（$p_1 : M_1 \to X$）で定まる写像 $\alpha : \mathcal{M}_1 \longrightarrow \mathcal{M}_2$ が $\mathcal{R}$ 準同型であるとは "$s \in \mathcal{M}_1(U) \Rightarrow \alpha \circ s \in \mathcal{M}_2(U)$" であることをいう．

$\mathcal{R}$ 準同型 $\alpha : \mathcal{M}_1 \longrightarrow \mathcal{M}_2$ に対し，集合 $\alpha^{-1}(0(X))$ は自然に層の構造を持ちます．これを α の**核**といい，$\mathrm{Ker}\,\alpha$ で表します．

> **定義 6.6（連接層）** $\mathcal{R}$ 加群の層 $\mathcal{M}$ が連接層であるとは次の 1), 2) をみたすことをいう．
> 1) 任意の $x \in X$ に対し，x の近傍 U，自然数 ν および全射 $\mathcal{R}|U$ 準同型 $\beta : \mathcal{R}^\nu|U \to \mathcal{M}|U$ が存在する[12]．（**局所有限性**）
> 2) X の任意の開集合 U および任意の $\mathcal{R}|U$ 準同型 $\gamma : \mathcal{R}^\nu|U \to \mathcal{M}|U$ に対し，$\mathrm{Ker}\,\gamma$ は上の意味で局所有限である．（**関係式層の局所有限性**）

このような層の言葉で定理 2.8 の内容を書くと次のようになります．

---

[12] $\mathcal{R}^\nu = \{(f_1, \cdots, f_\nu) ; f_j \in \mathcal{R}_x, x \in X\}$.

> **定理 6.4** 複素多様体の構造層 $\mathcal{O}$ は $\mathcal{O}$ 加群の層として連接層である.

$\mathcal{O}$ 加群の連接層は**解析的連接層**とも呼ばれます. どのような不定域イデアルが解析的連接層になるかは基本的な問題です. 1950 年のカルタンの論文では次が示されています.

> **定理 6.5** 複素多様体上の幾何学的イデアルは解析的連接層である.

定理 6.4, 6.5 に基づいて岡の第七論文をまとめたのがシュタイン多様体の基本定理ですが, それを述べるため, コホモロジー群の概念を準備しましょう.

加法群の層 $\mathcal{F} \to X$ と X の開被覆 $\mathcal{U} = \{U_j\}_{j \in \Lambda}$ に対し,
$U_{j_1 \cdots j_p} = U_{j_1} \cap \cdots \cap U_{j_p}$,

$$C^p(\mathcal{U}, \mathcal{F}) = \left\{ \sigma = (\sigma_J) \in \prod_{\substack{J \in \Lambda^{p+1} \\ U_J \neq \phi}} \mathcal{F}(U_J) ; \sigma_J = (\mathrm{sgn}\, P) \cdot \sigma_{P(J)} \right\}$$

$$(p = 0, 1, \cdots)$$

とおきます. ただし P が偶置換のときは $\mathrm{sgn}\, P = 1$, 奇置換のときは $\mathrm{sgn}\, P = -1$ とします. $C^p(\mathcal{U}, \mathcal{F})$ は成分ごとの足し算に関して加法群になっています. 便宜上, $C^{-1}(\mathcal{U}, \mathcal{F}) = \{0\}$ とおきます.

加法群の準同型 $\delta^p : C^p(\mathcal{U}, \mathcal{F}) \longrightarrow C^{p+1}(\mathcal{U}, \mathcal{F})$ を次式で定めます.

$$(\delta^p((\sigma_J)))_K = \sum_{\mu=0}^{p} (-1)^\mu (\sigma_{k_0 \cdots \check{k}_\mu \cdots k_{p+1}} | U_K)$$

$(\delta^{-1} = 0,\ \check{k}_\mu は k_\mu を除くの意)$.

このとき $\delta^p \circ \delta^{p-1} = 0$ となるので，δ^p の核を δ^{p-1} の像で約した商群が定まります．これを $H^p(\mathcal{U}, \mathcal{F})$ で表します．多面体の頂点，辺，面の数の関係に由来するトポロジーの概念との類似から，$C^p(\mathcal{U}, \mathcal{F})$ の元を $\mathcal{U}$ に関する $\mathcal{F}$ 係数 p 次コチェインと呼び，$H^p(\mathcal{U}, \mathcal{F})$ を $\mathcal{U}$ に関する $\mathcal{F}$ 係数 p 次コホモロジー群と呼びます．

X の二つの開被覆 $\mathcal{U}, \mathcal{V}$ があり，それらの間に

$V \in \mathcal{V} \Rightarrow$ ある $U \in \mathcal{U}$ に対して $V \subset U$

という関係があるとき，$\mathcal{V}$ は $\mathcal{U}$ の**細分**であるといいます．このとき $\mathcal{V}$ は $\mathcal{U}$ に比べて先の方にあると考えられますが，準同型

$$H^p(\mathcal{U}, \mathcal{F}) \longrightarrow H^p(\mathcal{V}, \mathcal{F})$$

により $H^p(\mathcal{V}, \mathcal{F})$ も $H^p(\mathcal{U}, \mathcal{F})$ より先にあると考えると，どの二つの開被覆に対しても両者の共通の細分が取れることから，開被覆すべてにわたってコホモロジー群の和集合を考え，二つの元が先へ行って一致しているときに同一視することにすれば，X と $\mathcal{F}$ のみによって定まる群 $H^p(X, \mathcal{F})$ が定まります．これを **X の $\mathcal{F}$ 係数 p 次コホモロジー群**と呼びます．

定理 6.6 X をシュタイン多様体，$\mathcal{F} \to X$ を解析的連接層とするとき，任意の $x \in X$ に対して $\mathcal{F}_x = \mathcal{O}_x H^0(X, \mathcal{F})$ （積の意味は定義 6.1 と同様）である．

カルタンは 1953 年の論文で定理 6.6 を定理 A と名付けまし

た．これは問題 6.2 を一般化して解いたことになっています．定理 B は次の結果です．

> **定理 6.7** $X, \mathcal{F}$ を上の通りとするとき $H^p(X, \mathcal{F}) = \{0\}$ ($p \geqq 1$).

$H^1(X, \mathcal{F}) = \{0\}$ は,「条件つきの一般化された加法的なクザンの問題はシュタイン多様体上で解ける」ということを言っています．したがって次は定理 6.7 の系になります．

> **定理 6.8** 問題 6.1 はシュタイン多様体上で肯定的に解ける．

上空移行の原理を発端とし，不定域イデアルや連接層の導入を経て定理 A, B にまとまったこのような理論が**岡・カルタンの理論**です．ちなみに岡の原理をコホモロジーを用いて述べると次のようになります．

> **定理 6.9** X をシュタイン多様体とするとき $H^1(X, \mathcal{O}^*) \cong H^2(X, \mathbf{Z})$.

右辺は X の $\mathbf{Z}$ 係数 2 次コホモロジー群で，第四章でふれたホモロジー群と本質的に同等であり，ホモトピー不変性を持っています．定理 6.9 をセールは岡の原理と呼びましたが，上空移行の原理の意味が広いのと同様，岡の原理も今日,「シュタイン多様体上ではトポロジー的な真理は解析的にも正しい」という広

い意味で使われることもあります．

　岡・カルタン理論と岡の原理は，アティヤが言った「1940-50年代に非常に活発に研究された」ことの中核をなしています．ところがその成果を定理 6.7 にまとめてしまって，多変数関数論で大切なのは結局はこれ一つだけだと語った数学者がいたと聞いたことがあります．この分野を専門とする者としてははなはだ残念なことですが，数学の全景を見ての見解としてならこの発言は当を得ているかもしれません．実際，岡・カルタン理論以後，多変数関数論の固有の問題の解決が数学全体にインパクトを与えることは少なくなり，隣接諸分野との交わりに研究課題を求めることが多くなりました．しかしながら，それ自体として追求する価値のある多変数関数論独自の問題が枯渇してしまったわけではありません．一旦成長の極まった大木も，幹から新芽が吹いて多くの枝葉を伸ばします．次節ではそのようなものの中から筆者の研究に近いところを拾ってご紹介したいと思います．

第七章
峠の先の歩み

1. ロープと橋の譬え

　1949年，岡は親友の秋月の世話で奈良女子大学に教授の職を得，以後は後進たちの指導にも努力しました．その間，詳細な研究報告を書く義務から解放され，休み時間に学生たちと碁盤を囲むなどして学園生活をエンジョイする一方，京大で湯川たちを相手にした時とは違った意味でユニークな授業をしたようです．残された講義ノートの断片からは，岡がかなり周到な準備をして授業に臨んだことが窺えます．たとえば「解析接続」と題された講義ノート（1954/12/25）は次のように始まっています．

> **1. 解析延長**　解析接続のところで特に注意したいことは，何か一つのことをやって行こうとするとき，先ず論理的にどう分かれるかを見る．そしてその為にそれら各々について，数学的な裏付けをして行くのである，ということである．例えば今，論理的に四つの場合 A, B, C, D がおこったとする．論理的には，四つの場合があり得るのであるが，数学的には四つの場合が起こるとは限らない．で，数学的にあり得るならば，はっきりと，その example を示さねばならない．又，数学的に起こり得ないならば，そこには何か定理が出るかもしれない．
>
> 　数学的に，はっきり裏付けられた結果は，交通に便利

　　　　　な道をコンクリートで舗装したような感じである．……

　この話がどのようにして解析関数の話に接続されていったかはさておき，そもそも「交通に便利な道」がどこにあるかを探し当てるのが岡の研究だったと言えましょう．あるとき岡はその苦労を振り返って，「私は一本のロープで川の向こう岸まで行き，後から来た人たちが立派な橋を架けた」と述懐したと伝えられます．また，1960年に岡は文化勲章を受章しましたが，その際，昭和天皇の問に答えて「数学は生命の燃焼によって作るのです．」と言いました．1963年にカルタンが会ったのはそんな岡でした．これに先立って1955年にはセールとヴェイユがそれぞれ8月と9月に，1958年にはジーゲルが岡を訪問しています．また，1961年にはヴェイユとグラウエルトが相次いで岡を訪れました．ちなみにカルタンの後，擬凸関数（＝多重劣調和関数）の研究で有名なルロンが1970年に来日しました．1984年，筆者はルロンに「私は岡に会えなかった」と言われて間の悪い思いをしましたが，事実は岡が入院中だったからのようです．

　この間に，岡の理論は水が高きより低きに就くがごとく数学の様々な分野に浸透して行きました．その中でも代数幾何学，偏微分方程式論，微分幾何学は，多変数関数論と接点を持ったおかげで大きく進展した分野です．

　とはいえ岡はこれを見て必ずしも満足しなかったようで，あるときは抽象化の方向に反発し，「数学に冬の季節が訪れた」と嘆きもしました．例えばグラウエルトが来日して，彼の名を冠して呼ばれるようになった連接性定理について講演した際，演壇に歩み寄った岡にこう評されて絶句したそうです．この話を筆者はグ

ラウエルト本人から二度聞かされました．しかし普段の岡はグラウエルトの仕事を「ブルドーザーのような」という形容で褒めちぎっていたと言われます．

　岡が渡った岸の先に何本もの道が開けているのが現代数学の風景です．例えば不定域イデアルの理論はカルタンやセール，およびグロータンディーク（1928-）により**代数的連接層の理論**へと姿を変え，さらなる抽象化をへて今日の代数学を先導しています（導来圏の理論等）．レビ問題に関しても，1960年代には L^2 **評価式の方法**[1]という強力な道具が多変数関数論に持ち込まれ，岡やグラウエルトの理論がそれを用いて精密化されました．これらを学ぶには一定の時間をかけて専門書を読む以外にないのですが，本書の話をまとめる都合上，以下では L^2 評価式の方法に絞り，レビ問題の解から派生した三つの話題をご紹介したいと思います．一つめは偏微分方程式論で有名なヘルマンダー（1931-2012）によるもので，加法的なクザンの問題を評価式つきで解くことによりある種の正則関数の境界挙動を決定した話です．これは岡の第九論文の主定理である「C^n 上の多重領域が擬凸なら正則凸」の精密化になっています．二つめはスコダ（1945-）の仕事で，互除法の原理の関数版を増大度の条件つきで示すものです．これは第七論文の割算定理をヘルマンダー流に精密化しています．三つめは L^2 拡張定理と呼ばれるもので，第一論文の「問題 I」を増大度の条件つきで解いたものす．これはヘルマンダーとスコダの仕事を受けて1980年代に京都の研究グループの中で育ったものです．岡は「自分は峠の向こうに花畑を開きたいと思った

---

[1] L^2 は「絶対値の2乗の積分が有限な（関数の）」の意．

のだが，峠を越すのがこれほど厄介だとは思わなかった」とも言いましたが，多変数関数論の偉大な開拓者である岡に敬意を払いつつ，この峠の先の風景を点描してみたいと思います．

2. 岡とベルグマン核

　すでに第三章で述べましたが，岡の一連の研究は，ベンケ・トゥレンの本を読んで分野の全容を把握したところからスタートしました．岡が読んだその本は現在，奈良女子大の図書館に，背表紙が取れてバラバラになりかけの状態のまま，紙挟みに挟まれて収蔵されています．筆者はかつてその中身をピンセットでページを繰りながら覗かせてもらったことがありました．岡がその余白にどんな書き込みをしたかに興味を持ったからです．期待はすぐにかなえられました．目次の後の空欄に，二つの論文の著者名とタイトルが書き込まれていたのです．片方はカルタンの1931年の論文で，岡に影響を与えたカルタン・トゥレンの論文の原型とも言えます．従ってこれには意外性はなかったのですが，もう一方がベルグマン（1895-1977）の論文だったことは新鮮な驚きでした．というのも，これは2乗可積分な正則関数の境界挙動を調べたもので，有名ではありますが岡の主要な関心の外にあったと思っていたからです．ベンケ・トゥレンでは最終章でこの内容に触れてあります．それはベルグマンが1922年の学位論文で導入し，後にベルグマン核と呼ばれるようになった関数についてです．

第七章　峠の先の歩み

> **定義 7.1**　C^n の領域 D の**ベルグマン核**とは，$\mathcal{O}(D)$ の部分集合
> $$\mathcal{O}_{(2)}(D) = \left\{ f \in \mathcal{O}(D) \,\Big|\, \int_D |f(z)|^2 d\lambda_n < \infty \right\}$$
> ($d\lambda_n = dx_1 dy_1 \cdots dx_n dy_n$) の内積 $\int f(z)\overline{g(z)} d\lambda_n$（**$L^2$ 内積**）による**再生核**，すなわち次の 1)〜3) で特徴づけられる $D \times D$ 上の関数 $K_D(z, w)$ をいう．
> 1) w をとめるごとに $K_D(z, w) \in \mathcal{O}_{(2)}(D)$
> 2) $K_D(z, w) = \overline{K_D(w, z)}$　$(z, w \in D)$
> 3) $f \in \mathcal{O}_{(2)}(D) \Rightarrow f(z) = \int K_D(z, w) f(w) d\lambda_n$　$(z \in D)$

例　$K_{B^n}(z, w) = \dfrac{n!}{\pi^n (1 - z\overline{w})^{n+1}}$　$(B^n = \{z \in C^n \,|\, \|z\| < 1\})$．

$\left(\int_D |f(z)|^2 d\lambda_n \right)^{1/2}$ を f の **L^2 ノルム**といい，$\|f\|$ で表します．$\mathcal{O}_{(2)}(D)$ は二点間の距離を $\|f - g\|$ $(f, g \in \mathcal{O}_{(2)}(D))$ と定めることにより完備な距離空間になり，しかも $\mathcal{O}_{(2)}(D)^z$ のある元は稠密な像を持ちます[2]．したがって特に D が有界領域の場合には，上記の L^2 内積に関して互いに直交する ϕ_μ $(\mu = 1, 2, \cdots)$ があって

(7.1) $$K_D(z, w) = \sum_\mu \phi_\mu(z) \overline{\phi_\mu(w)}$$

---

[2] つまり $\mathcal{O}_{(2)}(D)$ は可分なヒルベルト空間．

となります．このような関数系 ϕ_μ の存在は，いわゆるグラム・シュミットの直交化法により保証されます．K_D を考える一つの利点は，全単射正則写像 $\varphi: D_1 \longrightarrow D_2$ に対して

(7.2) $\qquad K_{D_1}(z, w) = K_{D_2}(\varphi(z), \varphi(w)) J_\varphi(z) \overline{J_\varphi(w)}$

$\qquad\qquad\qquad\qquad$ (J_φ は φ のヤコビアン)

が成立することです．このことから例えば，C 内の単連結な真部分領域 Ω および一点 $a \in \Omega$ に対し，z の関数

$$\sqrt{\frac{\pi}{K_\Omega(a, a)}} \int_a^z K_\Omega(\zeta, a) d\zeta$$

が Ω を $D(= B^1)$ 上に一対一に正則に写像することがわかります[3]**．グラム・シュミットの直交化法で K_Ω を近似することが(少なくとも原理的には)可能ですから，この理論は条件次第では即座に実用上の意味を持ちえますが，ベルグマンはこの関数を多変数関数論を展開するための有力な手掛かりと考えたのでした．その理由の一つは，D が有界領域のとき K_D は D 上に自然な仕方で距離を定め，それが双正則写像で不変な構造になっていることです．具体的には $\partial\bar{\partial} \log K_D(z, z)$ が定める D 上のリーマン計量に関し，D をそれ自身に写す双正則写像はすべて 2 点間の距離を保ちます．これは (7.2) から直ちに従うことです．$\partial\bar{\partial} \log K_D(z, z)$ は**ベルグマン計量**と呼ばれています．これは微分幾何で有用であり，特殊なケースでは一般相対性理論におけるアインシュタインの方程式の解にもなっています．

ベルグマン核に関する結果として，ベンケ・トゥレンの本で最後に紹介されたものは

---

[3] 例えば [楠] を見よ．

> C^2 の有界領域 D が滑らかでレビの条件をみたすなら，$K_D(z, w)$ は一般に，$z, w \longrightarrow z_0 \in \partial D$ のとき 2 次または 3 次のオーダーで発散する．

というものでした．「$z, w \longrightarrow z_0 \in \partial D$ のとき 2 次または 3 次のオーダーで発散する」をやや簡単化して厳密に言うなら，「ある定数 C があって

$$(7.3) \quad C^{-1}\delta_D(z)^{-2} < K_D(z, z) < C\delta_D(z)^{-3} \quad (z \in D)$$

が成り立つ」という主張です．

　岡はここにアンダーラインを引き，しかも「一般に」(in allgemeinen) を枠で囲んで印をつけ，欄外に次のコメントを書き込んでいます．

> 之はある globale な cond[4] のもとに云ってある
> ―― むしろ，ある特別な場合にとしたほうがよい．

　枠とコメントは，インクの色から見て後から書き込まれたもののようです．（岡はベンケ・トゥレンの本もすり切れるまで読んだのです．）岡の指摘はまったくその通りで，ベルグマンの結果はこの段階では二三の計算結果にもとづく推測に過ぎないものでした．実際，(7.3) の左側の不等式が言えればレビ問題が実質的に解けたことになってしまいます．岡がベルグマンの論文に注目したのも宜なるかなですが，(7.3) が一般的な状況で正当化され

---

[4] 大域的な条件

たのはベンケ・トゥレンの出版から半世紀以上経ってからのことでした．そこへの最も重要なステップは，岡の仕事を偏微分方程式論の観点から精密化した 1965 年のヘルマンダーの論文[5]でした．ヘルマンダーの理論の源流はリーマンのディリクレ原理にあり，ヘルマンダー自身も論文の序文でそのことを強調していますが，これは実のところ第四章で述べたワイル，ホッジ，小平らの理論の延長上にあります（cf. [A-V]）．岡の上空移行は結局は次元に関する帰納法であって「使えるのはワイアシュトラス」だったことを思うと，ヘルマンダーたちはリーマン流を復活させたことになるのかもしれません．

3. ヘルマンダーの定理

2003 年に発表されたヘルマンダーの論文「L^2 空間におけるコーシー・リーマン複体に対する存在定理の歴史[6]」によれば，一般領域上のベルグマン核の研究はやっと 1950 年代になってから始まりました．これはレビ問題との関連を考えればもっともなことです．ベルグマンは 1950 年にそれまでの自分の研究をまとめて本にして出版しましたが，ヘルマンダーは上の論文で，研究が進展した決定的瞬間を次のように回想しています．

---

[5] Hörmander, L., L² estimates and existence theorems for the $\overline{\partial}$-operator, Acta Math. 113, (1965), 89-152.

[6] Hörmander, L., A history of existence theorems for the Cauchy-Riemann complex in L² spaces, J. Geom. Anal. 13 (2003), 329-357.

第七章　峠の先の歩み

　Stefan Bergman[7]は，彼にちなんでベルグマン核が名付けられたのだが，スタンフォード大に長くいた．この人には一風変わった所があり，誰彼となくつかまえてはベルグマン核について延々と長口舌をふるうことで知られていた．私は（スタンフォード大に滞在したとき）彼からしばらくはうまく逃げ仰せたのだが，ある日とうとうつかまってしまった．そのとき彼が私に語りたかったのは，自分の論文についてであった．皮切りはこの論文を Acta Mathematica に投稿したときのことで，カーレマン（Torsten Carleman, 1892–1949）がどんなにひどい仕方でその掲載を拒否したかについて，ベルグマンは長々と語った．30年以上経っても，その仕打ちは彼を苛み続けているのだった．カーレマンが如何に誤っていたかを私に納得させようとして，彼は C^2 内の開集合に対する核関数の境界挙動について，どんなことを示したかを話し始めた．その方法は，適当な変数変換の後，（与えられた開集合を）内側と外側から開球と二重円板で近似することによるものだった．（その議論の）明白な弱点は，彼が集合全体で定義された適当な新しい解析的な座標を必要としており，そのような座標が存在するかどうかはほとんどの場合に判定が不可能なことだった．しかしそうは言っても，すべての C^2 級の強擬凸な境界点においては，その点のまわりの局所複素座標を，境界が高次の項を除いて（3次元）球面に一致するようにできる．ベルグマンから解放されて帰宅する

---

[7] ベルグマンはヨーロッパから米国に移住した時 Bergmann から Bergman に改名した．

途中，私は（自分が得たばかりの）新しい L^2 評価式が，ベルグマンが主張した漸近公式を正当化するのに丁度良いものであることに気付いた．それは複素 n 変数まで拡張される．スカラー関数の空間における $\bar{\partial}$ 作用素[8]の最大閉拡張が閉値域を持つような（開）集合の，従って特に C^n のすべての擬凸（開）集合の，任意の強擬凸境界点におけるものとしてである．

ヘルマンダーがこのようにして到達した結果は，正確に述べると次のようになります．

定理7.1 D は C^n の擬凸領域とし，∂D は z_0 で強擬凸であるとする．また，r は ∂D の z_0 のまわりの定義関数で $|\nabla r(z_0)| = 1$ をみたすものとし，l を空間 $\left\{\xi \in C^n \mid \sum_j \frac{\partial r}{\partial z_j}(z_0)\xi_j = 0\right\}$ 上の二次形式 $\sum_{j,k} \frac{\partial^2 r}{\partial z_j \partial \bar{z}_k}(z_0)\xi_j \bar{\xi}_k$ のすべての固有値の積とする．このとき $\lim_{z \to z_0} K_D(z,z)\delta_D(z)^{n+1} = \frac{ln!}{\pi^n}$ となる．

この定理の意義は，正則関数の空間から幾何学的な情報を取り出す一つの明確な方針を提供したことです．つまり，実行上は一つの可能性としてですが，幾何学的な対象を領域の境界としてとらえ，曲率などの幾何学的量を再生核の漸近展開の係数から

---

[8] $\bar{\partial} f = \sum \frac{\partial f}{\partial \bar{z}_j} d\bar{z}_j$．最大閉拡張については［H］，［梶原］，［大沢 -1,2］などを参照．

取り出すという方法です．この方法は後にフェファーマン (1949
－) や平地健吾 (1964 －) らによって，強擬凸領域の場合に深め
られています．

　岡はベルグマン核を直接扱ったわけではありませんが，定理
7.1 は岡理論の大枠に入っています．実際，その内容は

擬凸領域においては局所解は近似解である

という，岡がレビ問題の解決によって提示したテーゼを，実例に
即して具体化したことになっているのです．ちなみに，一般にも
関数の漸近挙動に有用な情報が入っていることは多く，有名な
リーマン予想へのある有名な数学者によるアプローチの中にもそ
れがあります[9]．岡のテーゼはまだそこまでは及んでいないようで
すが．

　定理 7.1 の証明を一口で言うなら局所化原理で，その大要は
上で言ったことに尽きるのですが，より具体的には z_0 のまわり
で D を近似する開球のベルグマン核 (既知) と $K_D(z, z)$ の比較
によります[10]．そのために加法的なクザンの問題を $\bar{\partial} u = v$ という
形のいわゆる $\bar{\partial}$ (ディーバー) 方程式に直し，これを評価式つき
で解きます．これによって心情的な近似解が現実の近似解になり
ます．この方法は正則関数が $\bar{\partial} f = 0$ の弱解として特徴づけられ
ることに基礎をおいており，$\bar{\partial}$ 方程式の可解性をアプリオリ評価

---

[9] ［志村－2, p.074］．

[10] D 上で 2 乗可積分な f が $\bar{\partial} f = 0$ の弱解 $\Leftrightarrow$ D に含まれる有界閉集合
の外で 0 になる C^∞ 級の関数 ψ に対し，つねに $f \cdot \dfrac{\partial \psi}{\partial \bar{z}_j} (j = 1, 2, \cdots, n)$
の D 上の積分は 0．

という形の不等式に帰着させます．これは（皮肉にも）カーレマン型の評価式と呼ばれるものですが，これがあると直交射影を用いて存在定理が得られます．

ちなみにクザンの問題を評価式つきで解く部分は，ヘルマンダーの論文では改良の余地がないくらいに磨き上げられた形で書かれています．その背景について2003年の論文でヘルマンダーが示した見解によれば，ベルグマン核への応用を見込んでガラベディアン（1927-2010）とスペンサー（1912-2001）が1950年頃，コンパクトな複素多様体上の調和積分論を境界つきの複素多様体へと拡張し始めたのが発端です．そしてここでも，第5章で触れたモーレイの仕事がブレイクスルーだったようです．

ヘルマンダーについては，筆者には一つの思い出があります．それは1983年，ドイツで$\bar{\partial}$方程式を中心とした国際研究集会に出席したときのことです．日本からは大阪大学の小松玄氏と筆者が参加しました．小松さんは筆者にとっては先輩格で，そのとき既に広く知られた仕事がありました．それはベルグマン核$K_D(z, w)$を用いて

$$P: \left\{ f \in C^\infty(D) ; \int_D |f(z)|^2 d\lambda < \infty \right\} \longrightarrow \mathcal{O}_{(2)}(D)$$

$$\cup \qquad\qquad\qquad\qquad \cup$$

$$f \quad \longmapsto \quad \int K_D(z, w) f(w) d\lambda_n$$

のように定義される**ベルグマン射影**と呼ばれる作用素Pの一つの顕著な性質についてで，Dが実解析的な境界を持つ強擬凸領域のとき，fがDの境界を含む開集合まで実解析的に拡張されればPfもそうであるという結果です．これには正則写像への応用があります．このように，研究集会ではモーレイやヘルマン

ダーらが基礎を築いた L^2 評価式の方法の精密化や応用といった話が中心でした．参加者はわれわれ二人同様，30代前半の研究者が多かったのですが，ヘルマンダーも出席していました．実はその数年前から筆者はある問題に取り憑かれていて，事あるごとにそのことを口にしていました．そこでぜひヘルマンダーにもコメントをもらいたいと思って機を窺っていたのですが，御大は多忙のゆえか早々に帰ってしまいました．（避けられたのかもしれませんが．）最後の晩は酒盛りになりました．酒の力を借りてでもヘルマンダーと話をしたかったとそのとき思ったかどうか，それははっきり覚えていませんが，その土地の特産という強い酒[11]をあおっているうちにいつしか前後不覚となり，気がついたらベッドに寝かされて小松さんが心配そうに覗き込んでいました．そんなわけで，小松さんは筆者にとって命の恩人です．ヘルマンダー先生には結局それ以来会う機会がありませんでした．

4. 積分公式と L^2 割算定理

第六章でも触れましたが，第七論文の主要結果は4つの定理にまとめられていて，そのうちの一つは関数のイデアルの生成系についてのものでした．これはワイアシュトラスの割算定理の変形で，1940年のカルタンの結果（定理 6.2）を一般化したものですが，元はといえばヴェイユが1935年に積分公式を書くために使った次の事実が原型になっています．

---

[11] Kirschwasser（キルシュヴァッサー）．サクランボで作った蒸留酒．度数は40．

C^2 内の正則領域 D と $f \in \mathcal{O}(D)$ に対し，$P, Q \in \mathcal{O}(D \times D)$ で
$$f(z,w) - f(z^*, w^*)$$
$$= (z-z^*)P(z, w; z^*, w^*) + (w-w^*)Q(z, w; z^*, w^*)$$
をみたすものが存在する．

ヴェイユの積分公式はコーシーの積分公式の 2 変数版ですが，被積分関数の形は一変数の場合に比べて格段に複雑です．しかし行きがかり上，その形だけは見ておきましょう．

ヴェイユの積分公式：C^2 の有界領域 D と，$X_1, X_2, \cdots, X_m \in \mathcal{O}(D)$ について，
$$\Delta = \bigcap_j \{(z, w); |X_j(z,w)| \leq 1\}$$
が C^2 の閉集合であり，
$$H_j = \{(z,w) \in D; |X_j(z,w)| = 1\},$$
$$S_j = \{(z,w) \in \partial\Delta; |X_j(z,w)| = 1\}$$
とおくとき $S_j \cap S_k$ $(j < k)$ はすべて 2 次元の (実) 部分多様体 S_{jk} であり，S_{jk} には S_j の (H_j における) 境界としての向きがついているとする．このとき
$$X_j(z,w) - X_j(z^*, w^*) = (z-z^*)P_j + (w-w^*)Q_j$$
をみたす $P_j, Q_j \in \mathcal{O}(D \times D)$ をとれば，Δ の近傍で正則な任意の関数 $f(z, w)$ に対し，積分
$$I = \frac{-1}{4\pi^2} \sum_{j<k} \int_{S_{jk}} \frac{(P_j Q_k - P_k Q_j) f(z, w)}{(X_j(z,w) - X_j(z^*, w^*))(X_k(z,w) - X_k(z^*, w^*))} dz \wedge dw$$
の値は，$(z^*, w^*) \in \Delta^0$ ならば $f(z^*, w^*)$ に，$(z^*, w^*) \notin \Delta$ のと

きは 0 に等しい．

ともかく，岡はこれを第五論文で少し拡げてから 2 次元のレビ問題に応用したのでしたが，後に積分公式の応用はもっと広がり，マルチノー (1930-72) はファンタピエ (1901-56)，シュワルツ (Schwartz, 1915-2002) らの研究を受けて，正則関数の空間上の汎関数を層コホモロジーによって表現するという定理に導かれました．マルチノーは早世しましたが，彼の学生であったスコダは岡の第七論文を読み，ヘルマンダーの手法を用いて次の定理を示しました．

---

[12](L^2 **割算定理**)　C^n 内の擬凸領域 D と D 上の擬凸関数 φ，D 上の C^p 値正則関数 $g=(g_1, g_2, \cdots, g_p)$，$\alpha > 1$ に対し，$q = \min\{m, p-1\}$ とおく．このとき D 上の正則関数 f について

(7.4) $$\int_D |f(z)|^2 |g(z)|^{-2\alpha q-2} e^{-\varphi} d\lambda_n < \infty$$

ならば，D 上の C^p 値正則関数 $h=(h_1, h_2, \cdots, h_p)$ が存在して $f = \sum g_j h_j$ かつ

(7.5) $$\int_D |h(z)|^2 |g(z)|^{-2\alpha q} e^{-\varphi} d\lambda_n$$
$$\leqq \frac{\alpha}{\alpha-1} \int_D |f(z)|^2 |g(z)|^{-2\alpha q-2} e^{-\varphi} d\lambda_n$$

となる．

---

[12] Skoda, H., Application des techniques L² à la théorie des idéaux d'une algèbre de fonctions holomorphes avec poids, Ann. Sci. École Norm. Sup. 5 (1972), 545-579.

系 7.1　C^n 内の擬凸領域は正則領域である．

系 7.1 の証明　$c \in \partial D$ とし，$g_j(z) = z_j - c_j$ ($j = 1, 2, \cdots, n$)，$\varphi(z) = \|z\|^2 + 2n \log \delta_D(z)$ とおけば，$f = 1$ に対して (7.4) の左辺は

$$\int_D \|z-c\|^{-2\alpha n + 2(\alpha-1)} \delta_D^{2n} e^{-\|z\|^2} d\lambda_n$$

となり，これは α が 1 に十分近ければ有限だから，定理 7.2 より $\mathcal{O}(D)$ の元 h_j があって

$$1 = \sum (z_j - c_j) h_j(z)$$

が成立し，この左辺は有界だから，どれかの h_j は $z \to c$ のとき非有界になる．　□

一般の g に対しても，D の任意の点 c に対して $f_c \in \sum g_{j,c} \mathcal{O}_c$ であれば，φ を適当に選んで (7.4) が成り立つようにできるので，定理 7.2 より $f \in \sum g_j \mathcal{O}(D)$ となります．岡理論ではこの事実を

擬凸 $\Rightarrow$ 正則凸 $\Rightarrow$ $H^1 = 0$ $\Rightarrow$ 割算定理

の順序で導いていますが，「擬凸 $\Rightarrow$ 正則凸」の部分に割算定理の特殊型にもとづく積分公式を使っているので論理にやや重複があります．その点，スコダ理論は「擬凸 $\Rightarrow$ L^2 割算定理」なのでより直接的です．

定理 7.2 の利点はベルグマン核の境界挙動への応用にもあり，これを用いてベルグマンの予想（(7.3) の左側の不等式）に肉迫することができます．プルーク (1943-) は定理 7.2 を用いて次を示しました．

[13] **定理 7.3**　C^n の有界擬凸領域 D が C^2 級の境界を持てば，任意の $\varepsilon > 0$ に対して $\lim_{z \to \partial D} K_D(z,z) \delta_D(z)^{2-\varepsilon} = \infty$.

定理 7.2 には可換環論への応用もあります．

定義 7.2　環 ${}_n\mathcal{O}$ のイデアル I に対し，${}_n\mathcal{O}$ の元 φ で I^k の元 a_k を係数とする方程式 $\varphi^m + a_1 \varphi^{m-1} + \cdots + a_m = 0$ をみたすものからなる集合を I の**整閉包**という．ただし I^k は I の k 個の元の積たちの ${}_n\mathcal{O}$ の元を係数とする線形結合全体を表す．I の整閉包を $\overline{I}$ で表す．

[14] **定理 7.4**　$I = {}_n\mathcal{O} f_1 + \cdots + {}_n\mathcal{O} f_l$ ならば，任意の自然数 k に対して $\overline{I^{\min\{l,n\}+k-1}} \subset I^k$ が成立する．

1980 年代に入ってから，代数学者たちの努力により定理 7.4 の純代数的証明が得られ，可換環論における新手法の開発へとつながりました．

スコダについても筆者には忘れ難い思い出があります．それは 1984 年，パリのセミナーで研究発表した後，スコダに夕食に招かれた時のことです．セミナーで何を話したかよりも，そのと

---

[13] Pflug, P., Various applications of the existence of well growing holomorphic functions; Functional Analysis, Holomorphy and Approximation Theory (1980); North-Holland: Notas de Matematica **71** (1982), 391–412.

[14] Briançon, J. and Skoda, H., Sur la clôture intégrale d'un idéal de germes de fonctions holomorphes en un point de C^n, C. R. Acad. Sci. Paris Sér. A **278** (1974), 949–951.

きの会話の方をよく覚えています．前年にヘルマンダーに聞いてもらえなかったことを，スコダにはその席で話すことができました．筆者が考えていたのは上空移行原理の L^2 版で，目標は定理7.3の結論を $\liminf_{z \to \partial D} K_D(z, z)\delta_D(z)^2 > 0$ へと改良することでした．しかしそのために必要な L^2 評価式が出せないため，筆者の研究は長く行き詰っていました．知られている評価式に付加的なパラメータをつけて精密化することを試みたわけですが，いくらやってもダメでした．そんな状態で，誰彼となく捕まえてはこんな式を示したいのだがという話をしていたわけです．（まるでヘルマンダーの話に出て来るベルグマンのようでもあります．）ところがこの方向の可能性を信ずる理由として定理7.2の評価が最良ではないことをあげたのがいけませんでした．その時までフンフンと頷いて聞いてくれていたスコダは急に憤然として「私はあの結果に満足している．方法は極めて自然なものだ．」と言ったきり口をつぐんでしまい，とりつく島のない様子になってしまったのです．逆鱗に触れた筆者は仕方なく，「評価は慎重にしないといけないと思います．」などと言ってなんとかその場をしのぎましたが，今思い出しても冷や汗が出る場面でした．

　しかしもっと恥ずかしいのはスコダと別れてからのことです．そのときはドイツにいたのですが，直後に思いついたアイディアで問題が解けたと思ってそれについて大学の談話会で講演し，論文を書き，浅はかにも十分に慎重に検討しないまま専門誌に投稿してしまいました．クリスマス後，日本に帰ってしばらくしてからオフィスの机の上で論文を読み返すうち，ふと気がついて計算をしてみると，途中で用いた不等式が正しければ量子力学が破綻するという結論が出てしまいました．もちろんその不等式が誤っ

ていたことは言うまでもありません．不幸中の幸いというべきか，論文の査読結果はまだだったので，編集部宛に大急ぎで論文を取り下げる手紙を出し，何とかことなきを得た次第です．そんな筆者にも約一年後，とうとう真の発見の瞬間が訪れました．それは共同研究者の竹腰見昭氏（1954- ）と議論をした後，帰りがけに大学の近くの喫茶店でコーヒーを飲んでいたときでした．そのときふと浮かんだ式はスコダの前で述べたものより少し弱い形でしたが，出したい結果を示すには十分なものでした．長年得ようとしていた不等式は，筆者の目的にとっては強すぎるものだったというわけです．恥ずかしい話ですが，「必要十分」と言う言葉の意味をそのときまで本当にはわかっていなかったということになります．ともあれ，次節ではこれを用いて示すことができた L^2 拡張定理について述べたいと思います．

5. L^2 拡張定理

英語の諺に，Sometimes the lees are better than the wine（酒よりも澱のほうがよいことがたまにある）というのがあり，日本語でこれにあたるのが「残り物には福がある」というわけですが，岡理論によって多変数関数論の主要な問題があらかた解かれてしまった以上，以後の研究が残務整理の性格を帯びるのは仕方のないことかもしれません．実際，グラフ理論に名を残した数学者である M. クネーザー（1928-2004）が若い頃，ベンケと同い年の父親に「重要な問題は岡がみな解いてしまった」と忠告されて，多変数関数論に見切りをつけたという話もあります．ヘルマンダーやスコダの仕事も，面白くかつ深いものですが，その主要な意義は岡理論を補強した点にあります．第四章で述べたグラウエ

ルトの定理（定理4.5）にしても然りです．しかしながら，ユークリッドの原論に数学のすべてのアイディアがつまっているわけでもなく，岡理論の後でも多変数関数論の新しい芽が育っています．ヘルマンダーらの仕事はその中でも代表的なものですが，以下に述べる L^2 拡張定理もその一つです．これは筆者にとって「残り物の福」でした．

L^2 拡張定理とは，重みつき L^2 ノルム

$$\|f\|_\varphi = \left(\int_D e^{-\varphi}|f|^2 d\lambda_n\right)^{1/2}$$

に関する評価式つきの拡張定理です．

$$\mathcal{O}^\varphi_{(2)}(D) = \{f \in \mathcal{O}(D); \|f\|_\varphi < \infty\}$$

とおきます．

1987年，筆者は竹腰氏との共著論文で次の定理を示しました．

定理 7.5（L^2 **拡張定理**）[15]　　D, φ は定理7.2と同様とし，
$$D' = \{z' \in \boldsymbol{C}^{n-1}; (z', 0) \in D\}$$
とおく．もし $\sup\{|z_n|; z \in D\} \leq 1$ ならば，任意の $f \in \mathcal{O}^\varphi_{(2)}(D')$ に対して f の D への正則な拡張 $\tilde{f}$ で，

(7.6) $$\|\tilde{f}\|^2_\varphi \leq A\pi\|f\|^2_\varphi$$

をみたすものが存在する．ただし A は D, φ, f によらない定数で，$A \leq 1620$ である．

---

[15] Ohsawa, T. and Takegoshi, K., On the extension of L^2 holomorphic functions, Math. Z. **195** (1987), 197–204.

系 7.2（(7.3) を参照）　D が $\boldsymbol{C}^n$ の滑らかな有界領域ならば, (D による) ある定数 C が存在して $CK_D(z,z) > \delta_D(z)^{-2}$ $(z \in D)$ となる.

　この系を示すには定理 7.5 を $\varphi = 0$ に対して適用すればよく, 従ってこの段階では φ の存在は無用の長物ですが, L^2 拡張定理には L^2 割算定理と同じく代数方面への応用があり, そこでは定数 A が φ によらないことが重要です. この種の応用はこの原稿を書いている 2013 年 12 月現在も進行中で, とくに定理 7.4 の代数的証明をふまえて近年大発展を遂げた密着閉包の理論と縁の深い, **乗数イデアル層**への応用に著しいものがありますが, ここではその話は割愛し, 最近定理 7.5 の精密化により得られたベルグマン核に関する顕著な結果をご紹介したいと思います. これは岡が高木宛の手紙に描いた図 (第一章第 1 節) で言えば (5) に属する問題を解いたもので, 多変数関数論の進歩が一変数関数論の新しい結果を生んだ例になっています. 問題はリーマン面に関するものですが, 簡単のため有界な平面領域に限って述べます.

定義 7.3　$\boldsymbol{C}$ の有界領域 D に対し, 関数 $g : D \times D \to [-\infty, 0)$ で $g(z,w) - \log|z-w|$ が z についても w についても調和であるもののうち最大のものを D の**グリーン関数**と呼び, g_D で表す.

例　$D = \boldsymbol{D} \Longrightarrow g_D(z,w) = \log\left|\dfrac{z-w}{1-z\bar{w}}\right|$

ベルグマン・シッファーの公式: $\pi K_D(z,w) = \dfrac{\partial^2}{\partial z \, \partial \overline{w}} g_D(z,w)$

1972年，吹田信之(1933-2002)は $K_D(z,z)$ と**対数容量**と呼ばれる関数

$$c_D(z) = \exp \lim_{w \to z} (g_D(z,w) - \log|z-w|)$$

の間に成り立つ等式 $\pi K_D(z,z) = c_D(z)^2$ に注目し，D が円環領域ならば $\pi K_D(z,z) > c_D(z)^2$ が成り立つことを示しました(楕円関数を利用)．その結果，一般には $\pi K_D(z,z) \geq c_D(z)^2$ であり，等号が成り立つならば D が円板から対数容量が 0 の閉集合[16] を除いた領域に等角同値であろうという予想が残されました．不等式 $\pi K_D(z,z) \geq c_D(z)^2$ が L^2 拡張定理と同種の主張であろうということは一変数関数論の専門家たちも予想していたと思われますが，筆者がこの関連にはっきり気付いたのは 1993 年になってからでした．その結果として $750 \pi K_D(z,z) \geq c_D(z)^2$ が得られましたが[17]，これはベルグマン核の研究のため定理 7.5 を改良する過程で得られたものです．その後，吹田予想の完全解決を目指して定理 7.5 の更なる改良が重ねられ，ついに 2012 年，ポーランドのブウォツキー(1967-)および中国の周向宇(Zhou Xiangyu)-関啓安(Guan Qian)によって，互いに独立に，有界な平面領

---

[16] C の部分集合 E の対数容量が $0 \Leftrightarrow C$ 上の劣調和関数 $u(\not\equiv -\infty)$ があって $u^{-1}(-\infty) \supset E$.

[17] Ohsawa, T., Addendum to " On the Bergman kernel of hyperconvex domains", Nagoya Math. J. **137** (1995), 145-148.

域上で $\pi K_D(z,z) \geqq c_D(z)^2$ が成立することが証明されました[18]. これは定理7.5における定数 A として最良値1がとれることの帰結です.

定数 A が最良でなくても L^2 拡張定理には既に多くの応用がありますが, ブウォツキー氏らによる「究極の L^2 拡張定理」には軽々には測り難い深遠な意味があると信じます.

ブウォツキー氏については, 筆者にはヘルマンダーやスコダとは違った意味で懐かしい思い出があります. 1992年の秋, ワルシャワで多変数関数論の研究集会がありました. ベルリンの壁が1989年に取り除かれ, ソビエト連邦が1991年12月に解体された後でしたので, 招待状が来た時には特別の感慨がありました. ここで初めてブウォツキーに出会いました. ブウォツキー氏はベルグマンの生地に近いクラクフの大学で修士論文を書いた後すぐ助手になり, 学位論文を準備中でした. 2003年, ドイツのオーバーヴォルファッハ研究所で泊まり込みの研究集会がありました. その20年前, 筆者が急性アルコール中毒で死にかけた場所ですが, 今度は組織委員の一人として参加しました. 30代の研究者たちの中にはブウォツキー氏の姿もありました. ベルグマン核についてすばらしい研究成果を挙げていたからです. その後の10年間にベルグマン核の研究は一層の進展を見せ, 最近ではブウォツキー氏が学位論文のテーマに選んだ複素モンジュ・アンペール方程式との関連に注目が集まっています. そのブウォツ

---

[18] Błocki, Z., Suita conjecture and the Ohsawa-Takegoshi extension theorem, Invent math **193** (2013), 49-158.

Guan, Q.A. and Zhou, X,Y., A solution of an extension problem with optimal estimate and applications, to appear in Ann. of Math.

キー氏から筆者が二度以上聞かされた話があります．それは彼が岡理論を授業で学んだときのことですが，初回の講義で教授は黒板に丸を描き，「Oka という日本の数学者によれば，この内側が多変数関数論であり，残りは全部周上にある」と言ったという話です．どんな話がどこを伝わってこうなったかは知る由もありませんが，多変数関数論を建設した大数学者の気概をよく伝えていると思います．この言葉を本書の締めくくりにしてもよいくらいですが，筆者の恩師である中野茂男先生が，岡大先生への朗々たる賛辞を長歌の形で残していますので，最後にそれをご紹介して筆を擱くことにします．これは同人誌（不明）に発表されたもので，万葉集にならって作られており，いかにも数学の野で見事な花を咲かせた岡潔にふさわしい歌だと思います．岡潔において，数学は日本文化の粋となったのです．

岡潔頌

数学の　道攻めんと　岡教授　えらびし分野は　多変数　複素函数　先達の　手かけそめにし　あらくれの　野を開かんと　茨伐り　石取り除き　木の根ほり　巌をうがつ　三十年の　辛苦の果の　十篇の　主なる著作　それぞれに　重き問いかけ　遂げしわざ　珠とかがやく　そが中に　世の人こぞり　優秀と　推すをば措きて　最先に　我が意えたるは　第一の　作なりけりと　高らかに　述べてけりとは　我が師なる　秋月大人の傳へてし　言にてありけり　自らも　直にきゝえし　岡大人の　感慨一言　「第一の　作成りしとき　天地の　我を最中と　一列に　整ひ並びき」　感激を　今に傳へて　思ひ出づる　言にてありけり　宜なりや　論理の道を　辿りえて　心にかなふ　わざを遂げ　宇宙の秩序を　あるままに　その身につけて　感ぜしは　自然の法を　数学に　求めんとする　岡大人の　いとも意にそふ　いさをなり　後の我等の　しるべなり　我ひと共に　のちの世に　言ひつぎ行かむ　岡の心を

反歌

数学は　自然を描写　するものと　先師の言の　偲ばるゝかな

215

参考文献（本文で示したものは基本的に省く）

和書

[岩澤] 岩澤健吉　代数函数論（増補版）岩波書店　1952
[大沢-1] 大沢健夫　多変数複素解析　岩波書店　2008
[大沢-2] 大沢健夫　複素解析幾何と $\bar{\partial}$ 方程式　培風館　2007
[大沢-3] 大沢健夫　寄り道の多い数学　岩波書店　2010
[梶原] 梶原壤二　複素関数論 POD 版　森北出版　2007
[楠] 楠幸男　解析函数論　廣川書店　1962
[志村-1] 志村五郎　数学をいかに使うか　ちくま学芸文庫　筑摩書房　2010
[志村-2] 志村五郎　数学の好きな人のために　ちくま学芸文庫　筑摩書房　2012
[志村-3] 志村五郎　数学で何が重要か　ちくま学芸文庫　筑摩書房　2013
[高瀬-1] 高瀬正仁　評伝岡潔　星の章　海鳴社　2003
[高瀬-2] 高瀬正仁　岡潔 – 数学の詩人　岩波新書　2008
[田村] 田村一郎　トポロジー　岩波全書　1972
[中岡] 中岡稔　位相幾何学 – ホモロジー論（復刊）　共立出版　1999
[中野] 中野茂男　多変数函数論 – 微分幾何的アプローチ　朝倉書店　1982
[永田] 永田雅宜　OD＞可換環論　紀伊國屋書店　2008
[西野] 西野利雄　多変数函数論　東京大学出版会　1996
[野口] 野口潤次郎　多変数解析関数論・学部生へ送る岡の連接定理　朝倉書店　2013
[広中・卜部] 広中平祐・卜部東介　解析空間入門（復刊）　朝倉書店　2011
[溝畑・高橋・坂田] 溝畑茂・高橋敏雄・坂田定久 共著　微分積分学　学術図書出版社　1993
[山口] 山口博史　複素関数論　朝倉書店　2003
[吉川] 吉川實夫　函数論　富山房　1913

洋書（和訳を含む）

[A] アールフォルス, L.V., 笠原乾吉訳　複素解析　現代数学社　1982
[A-V] Andreotti, A. and Vesentini, E., Carleman estimates for the Laplace-Beltrami equation on complex manifolds, Publications Mathématiques de l'IHÉS 25 (1965), 81-130.
[B-T] Behnke, H.u.Thullen, P., Theorie der Funktionen mehrerer komplexer Veränderlichen, zweite, erweiterte Auflage, Ergebnisse der Mathematik und ihrer Grenzgebiete 51 1970 (ベンケ・トゥレンの第二版)
[C] Cartan, H., Sur les théorème de préparation de Weierstrass, Arbeitsgemeinschaft für Forschung des Landes Nordrhein-Westfalen, Wiss. Abh. 33 (1966), 155-168.
[E-Z] Eichler, M and Zagier, D., The theory of Jacobi forms, Birkhäuser, 1985
[K-Y] コルモゴロフ・ユシュケビッチ　19世紀の数学II幾何学・解析関数論　小林昭七[監訳]　朝倉書店　2008
[P] プラトン　定義集　プラトン全集15　向坂寛訳　岩波書店　1975
[W] ワイル, H., リーマン面　田村二郎訳　岩波書店 1974
[I] Igusa, J., Theta functions, Grundlehren der math. Wiss., Springer 1972
[H] ヘルマンダー, L., 笠原乾吉訳　多変数複素解析学　東京図書　1973
[O] Oka, K., KIYOSHI OKA COLLECTED PAPERS, translated by R. Narasimhan, commentaries by H. Cartan, edited by R. Remmert, Springer 1984

217

あとがき

　本書を手に取られた方の多くがおそらくご存知のように,「数学者岡潔」については既に多くの優れた著作があり,しかもそれらのどれにも増してオリジナルの「春宵十話」や「人関の建設」が岡先生の人物像を如実に伝えています．しかしながら,高校卒業程度の数学の素養を持つ読者のために「岡潔の数学」を主題として語った本はまだないということで,多変数関数論を専攻する筆者に白羽の矢が立ったというわけでした．

　筆者は自分の専門分野を多変数複素解析と言ったり,複素解析幾何と言ったり,最近では複素幾何と言ったりもしますが,いずれにせよ岡先生のお仕事の上で毎日の食事にありつけているようなものですから,それについて書かせて頂くのは願ってもないことだったわけです．しかしその反面,これは達成基準がたいへん高い難事業への挑戦でもありました．というのも高校で習う数学は,最近の「数学活用」は別として 18 世紀までのものに限られており,多変数関数論はそれをふまえて発展した 19 世紀の数学の,そのまた先にあるものだからです．

　とはいえ,多変数関数論に直接関係する一変数の複素関数論の入口だけに限れば,これは高校の数学と大して変わりません．それを予備知識として書かれた本なら,岡理論をその原理に近い形で解説した西野利雄先生の本 [西野] があります．また,緻密な取材に基づいて書かれた高瀬正仁さんによる評伝 [高瀬 –2] でも,手短ながら岡理論の適切な解説が試みられています．従って,これらをミックスしてしまえば「岡潔の数学」という読み物が成り立ち得るわけです．そこにどんな新しい面白さがあるかは

別にしてですが.

　そこでひとまずそのようなものを書いてみることを目標に，無味乾燥な骨組み作りを始めました．具体約には，19 世紀の複素解析のいくつかのトピックスについて短い解説を書いたり，講演をしたりしました．しかしなかなか上手にはできないので，気晴らしに童謡「りんごのひとりごと」の節で「複素数の独り言」という歌を作ったりもしました．岡理論については通常の授業で話すわけにもいきませんから，中国の大学から招かれた機会をとらえて，三ヶ所で合計七コマの講義をしました．ちなみに，そこでは「上空移行原理」はすぐ通じたようですが，「岡」は「冈」と書いた方が通りがよいような気がしました．

　そんなことをしているうちに骨組みはできて来たのですが，いざ第一章をどう書くかを考え始めると，さっぱり構想が湧かなくて困りました．「岡理論の遠景」ということなので，いわば友人を誘って富士山の登り口まで連れて来ようという部分です．どうやったら友人である読者の方々を，自然に岡理論へと誘うことができるかと考えました．そこであらためて西野先生や高瀬さんの本を手に取ってみますと，何よりもまず，岡先生その人に対する愛情が沸々として感じられる書き出しになっています．岡潔という人物は，核戦争の危機さえあった 1960 年代，一般の人々にとっても一服の清涼剤のような存在だったわけですが，そういう達人に対する敬意以上のものが，確かにお二人の本にはありました．なるほど，筆者の課題はこれだったかと認識をと新たにし，思い立って自家製の「岡潔物語」を書いてみました．映画のシナリオのまねごとをしながら，ふんだんに脚色を入れてです．出来不出来はともかく，その結果，岡先生にお会いしたことのない筆

者もかなりの思い入れを込めて第一章を書くことができました．ただ，ここには途中から複素関数論の話も入れたので，「弾丸登山」のようなことになり課題が残ってしまったようですが．

　第二章から第六章までは不朽の岡理論がベースなので，それなりに仕上げることができたと思います．軽すぎたり重すぎたりということはあるでしょうが，そこはお許しいただきたいと思います．慎重を期して推敲中にこの部分の講義をしましたが，ひとえに誤りが無いことを折るのみです．

　第七章は岡理論以後の話が主であり，特に岡先生に「冬の季節」と評されたものもあるので，話題をどう選ぶかは自明ではありませんでした．結局数学全体からすれば比較的地味なベルグマン核が中心になってしまいましたが，その理由については本文をよく読んで頂ければご理解頂けると思います．ここで書いてしまった筆者の失敗談については，小松玄さんから長い電話で一つの注意を受けました．無理に飲んだ強い蒸留酒のために失神状態になった筆者をベッドまで運んでくれたのは D. バーンズ (Daniel Burns) 氏だったので，「バーンズ氏こそ君の命の恩人ではないか」と言って譲らないのです．確かにそれもその通りなので，ここでバーンズ氏の写真を添え，感謝の意を表させて頂きたく思います．バーンズ氏とはあれから 30 年間，あちこちでお会いして来ました．この 6 月にもイタリアの研究集会で奥の席から鋭い質問を発しておられましたが，写真は 2012 年の多変数複素解析葉山シンポジウム* の時のものです．バーンズさん，小松さ

---

* この研究集会については，野口潤次郎著「葉山シンポジウムの思い出 – 多変数複素解析の国際研究集会をめぐって」数理科学 2014 年 10 月号（サイエンス社）を参照．

ん，あの時は本当にありがとうございました．そして最後に，お名前を挙げることは控えますが，本書の元になった講演や講義に出席してくださった方々や，拙稿を読んでコメントしてくださった方々に深甚なる謝意を表します．皆様方の助けがなかったら本書は完成しなかったでしょう．

志賀弘典

大沢健夫

倉西正武

ダニエル・バーンズ

野口潤次郎

若林　功

撮影　濱野佐知子

索引

A〜Z

Cauchy 5
C^k 級境界を持つ 147
C^k 級複素ベクトル場 141
c を越えて解析接続される 92
E. カルタン 149
E. ブートルー 143
$\mathcal{F}$ 係数 p 次コホモロジー群 188
Gauss 5
H. カルタン 61
H 擬凸 93
L. アールフォルス 32
L^2 拡張定理 210
L^2 内積 195
L^2 ノルム 195
L^2 評価式の方法 193
L^2 割算定理 205
Maxwell 方程式 164
r 次ベッチ数 117
R 加群 185
R 準同型 185
R. ナラシムハン 89
Rene Descartes 7
UFD 55
Weierstrass 5
Z に付随する乗法的コサイクル 120

あ行

アーベル関数 38

アインシュタイン 128
秋月康夫 61
アダマール 142
アティヤ 131
アティヤ・シンガーの指数定理 131
アビヤンカー 45
アルティン 58
アルティンの近似定理 57
位数 21
位相 115
位相空間 115
一致の定理 24
イデアル 165
岩波茂雄 1
因子 120
ヴェイユの積分公式 98, 204
円環 19
円板 19
オイラー 15
オイラー数 117
オイラーの公式 13
岡・ヴェイユの定理 98
岡・カルタンの理論 173, 189
岡・グラウエルトの原理 132
岡の接合補題 159
岡潔 i
岡の連接性定理 vii, 37, 60, 61
岡村博 80

か行

カーレマン 199
開核 20
皆既擬凸関数 155
皆既性 151
開球 19
開集合 19
階数 132
開複素多様体 126
解析函数 8
解析集合 122, 173
解析的連接層 187
開被覆 103
ガウス 4
核 186
加法的コサイクル 103
加法的なクザンの問題 102, 103
カラテオドリー 129
ガラベディアン 202
河合十太郎 76
河合良一郎 134
環 23
関啓安 212
完備 185
幾何学的イデアル 182
擬凸 93
擬凸関数 152
擬凸領域 94
基本群 117
既約元 55
境界 20
強擬凸性 151
局所完全性 19

局所極小定義関数 57
局所座標 124
局所座標系 124
局所自明化 132
局所有限性 61
極の位数 35
境界距離 152
キルケゴール 143
近傍 20
クーラン 87
クイレン 118
空間 115
クザン 101
クライン 52
グラウエルト 126
グリーン関数 211
グロタンディーク 193
グロモフ 127
クンマー 44
ゲッペル 43
原始関数 27
コーシー 4
コーシー・グルサの定理 27
コーシーの積分公式 32
コーシーの積分定理 28
コーシーの定理の一般型 32
コーシー・リーマンの関係式 128
構造層 185
勾配 146
小平邦彦 130
小林秀雄 5
弧状連結性 19
小堀憲 80

223

小松玄　202

孤立点　70

孤立特異点　33

コンパクトな複素多様体　126

さ行

サーストン　118

サイクル　32

再生核　195

最大値の原理　26

細分　188

座標変換　125

ジーゲル　134

自明束　132

周回積分　31

周期　38

収束域　23

収束ベキ級数　21

従属変数　17

シュタイン　124

シュタイン多様体　126

シュタイン多様体の基本定理　183

シュティッケルベルガー　55

主要部　100

ジュリア　vi

ジュリア集合　77

シュワルツ　47, 205

乗数イデアル層　211

上半連続性　152

シラー　144

シンガー　131

鈴木昌和　45

周向宇　212

上空移行原理　vii, 65

上限　8

乗法的コサイクル　103

乗法的なクザンの問題　102, 103

スコダ　193

杉谷岩彦　81

スペンサー　202

セール　119

生成系　179

生成する　179

正則関数　173

正則関数のイデアル　167

正則断面　174

正則直線束　132

正則凸　95

正則ベクトル束　132

正則領域　92

整閉包　207

積分路　29

絶対値　13

零点の位数　21

線積分　8

前層　184

層係数コホモロジー論　126

層コホモロジー　164

層コホモロジー論　37

層断面　185

素数定理　142

掃清可能　120

園正造　76

存在域　92

た行

体　24
対数容量　212
楕円関数　37, 38
互いに素　53
高木貞治　1
竹腰見昭　209
多項式凸　98
多重円板　19
多重領域　92
多田稔　134
単射　24
断面　184
値域　17
張益唐　45
調和関数　129
直積　19
直交射影の方法　130
束写像　132
束同型　132
ディリクレ　44
定数層　185
定義域　17
定義関数　147
テイラー係数　21
デカルト　7
等角写像の基本定理　86
導関数　27
同型　132
等比級数　21
独立変数　17
ド・モアブルの法則　13
トゥレン　83

トム　119

な行

中谷宇吉郎　111
中谷治宇二郎　111
ナポレオン　29
滑らかな　9
二項級数　21
西田幾多郎　143
西内貞吉　76
人間の建設　6
ネーター　55

は行

ハルトークス　vi, 91
ハルトークスの意味で擬凸　93
ハルトークスの逆問題　vii
ヒットラー　87
微係数　27
微分　146
微分形式　146
ヒルツェブルッフ　130
ヒルベルト　47
平地健吾　201
広中平祐　57
ファニャーノ　37
ファンタピエ　205
ブウォツキー　212
フェファーマン　201
複素関数　17
複素接ベクトル　146
複素多様体　124
不定域イデアル　vii, 61, 166, 182

225

プルーク 206
フンボルト 44
ベアス i
閉曲線 8
ベイリー 157
ベキ級数 20
ベキ級数の和 21
ヘッケ 87
ベッチ数 117
ベルグマン 194
ベルグマン・シッファーの公式 212
ベルグマン射影 202
ベルグマン核 194, 195
ベルグマン計量 196
ヘルマンダー 193
ペレルマン 118
偏角 13
偏導関数 27
偏微係数 27
ベンケ 83
ペンローズ 164
ポアンカレ 38
ポアンカレの問題 101
ポアンカレ予想 118
ホイッタカー 72
補間定理 71
補間問題 67
ホッジ 130
ホモトピー 115
ホモトピー同値 116
ホモトピー不変性 114
ホモトピー類 116
ポンスレ 30

ポンスレの閉形定理 41

ま行

マクスウェル 164
マルチノー 205
ミッタク・レフラーの定理 68
芽 23
モデル圏 118

や行

ヤコービ 38
ヤコービの逆問題 42
ヤコービのテータ級数 41
ヤコビアン予想 45
有理型関数 34, 43
有理型関数の極 104
有理凸性 97
湯川秀樹 61

ら行

ラグランジュの補間公式 67
ラスカー 56
ラスカーの定理 56
ラプラス 128
ラプラス方程式 129
リーマン 38
リーマンの写像定理 86
リーマン面 v, 128
リーマン領域 92
離散集合 70
リヒェロット 44
留数定理 34
ルジャンドル 37